动物疫病防控绩效管理创新与实践

路 平　林湛椰　蔡丽娟 / 主编

中国农业出版社
北 京

本书编委会

前言
FOREWORD

政府部门绩效管理一直是现代公共管理理论和实践创新的重要领域。近年来，有关部委和许多地方政府，结合自身实际和工作要求，在绩效管理方面开展了许多有益的探索和实践。农业农村部历来重视通过考核、检查、督导等手段对各地动物疫病防控工作开展情况进行客观评价，从 1986 年起先后探索开展了畜禽防疫工作督查、动物防疫工作细化指标合同签订、动物防疫工作目标管理“千分制”考核、春秋两季全国重大动物疫病免疫情况检查等工作，为推动重点难点工作落实积累了经验。自 2012 年开始，农业农村部连续对各省级畜牧兽医主管部门开展“加强重大动物疫病防控延伸绩效管理”，将党中央、国务院对动物防疫工作的决策部署和重大动物疫病强制免疫、动物疫情监测与流行病学调查等重点工作逐项转化为对地方的明确要求，并狠抓过程管理和结果运用，充分调动了地方的工作积极性和主动性，为保障畜牧业生产安全和公共卫生安全发挥了积极作用。

创新是动力，更是出路。2014 年以来，为鼓励各地立足当地实际、创新工作方式，推动畜牧兽医治理体系和治理能力现代化，农业农村部每年均在“加强重大动物疫病延伸绩效管理”指标体系中设置“根据本地区工作实际开展特色工作情况”指标，组织专家对各地特色工作完成情况进行评审，并通过《农民日报》《农村工作通讯》《畜牧兽医工作动态》等载体进行宣传推介，得到部领导的多次肯定性批示。总的看来，各地绩效管理特色工作普遍具有较强的创新性，内容涉及兽医卫生工作的各个方面，应该说瞄准了当地兽医卫生工作的“痛点、难点和堵点”，充分体现了畜牧兽医工作者的创新精神和使命担当，值得系统总结和提炼。

本书主要分为三部分。第一章为综合篇，介绍政府绩效管理的基本概念、主要特点和总体进展，以及畜牧兽医系统开展延伸绩效管理的历史沿革和有关要求，并对近年来各地的特色工作进行概述，重点突出“理论性”。第二章为典型案例篇，从非洲猪瘟防控、养殖场生物安全水平提升、动物防疫体系建设、重点人畜共患病防控、动物疫病净化和消灭、动物卫生监督和屠宰行业监管、兽医卫生信息化建设七个方面，全面介绍各省级畜牧兽医主管部门通过开展绩效管理，创新工作方式方法，推进兽医卫生供给侧结构性改革，助推乡村振兴战略高效实施的生动实践，重点突出“实用性”。第三章为心得体会篇，邀请各省份分管和从事“加强重大动物疫病防控延伸绩效管理”工作的有关同志，谈做好重大动物疫病延伸绩效管理日常工作的心得，以及利用绩效管理手段推动重点难点工作在基层落实落细落地的体会，重点突出“经验性”。附录中还收录了农业农村部2020年度加强重大动物疫病防控延伸绩效管理实施方案和指标体系，供读者参考。

十年磨一剑。经过十个年头的探索与实践，“加强重大动物疫病防控延伸绩效管理”作为一个集目标导向、问题导向和结果导向“三位一体”的科学管理工具，已经越来越得到各方的认可；对动物疫病防控各项工作任务的高质量完成，正在发挥越来越重要的引领、指导和推动作用。充分发挥延伸绩效管理“指挥棒”作用，运用绩效管理手段传导压力、激发动力、形成合力，通过对标延伸绩效管理指标体系，认真查找问题、深入分析问题、推动解决问题，已经成为全国畜牧兽医系统的广泛共识。希望通过本书的出版，能够广泛宣传各地在延伸绩效管理方面的好经验、好做法，进一步激发畜牧兽医系统谋事创业的工作热情，在全行业共同营造抓落实、求创新的良好氛围；也希望本书能为绩效管理的“中国化”研究提供鲜活的研究范本和实践案例。

编　者

2020年12月

目 录
CONTENTS

第一章　综合篇 01

第一节

政府绩效管理概述

一、基本概念

二、主要特点

三、国内探索实践综述

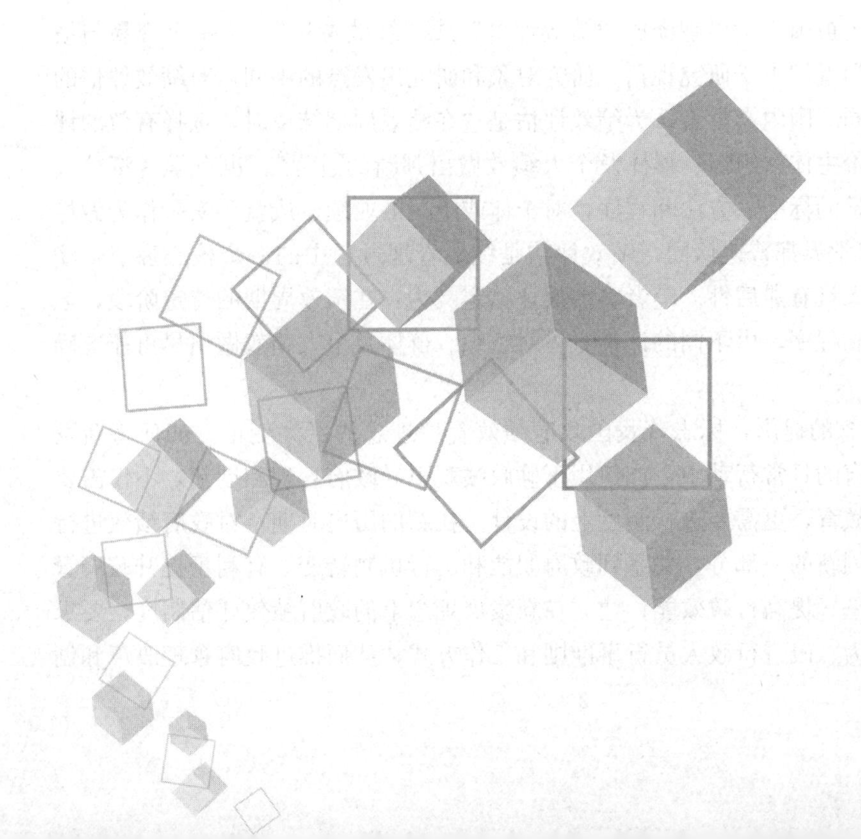

一、基本概念

（一）绩效管理

绩效管理是一种追求业绩和成效的管理方式。国内学界对绩效管理的内涵与外延存在不同认识。有学者认为，绩效管理不是单一的工具，而是一种观念和系统，即“作为一种观念，绩效管理整合了新公共管理和政府再造运动中的多种思想和理念，并构建出自身的制度基础和先决条件。作为一种系统，绩效管理框架必须从战略规划角度，将各种管理资源系统有效整合，形成多重价值和多维角度的综合性绩效评估体系”。也有学者认为绩效管理是指“公共部门主动吸纳企业绩效管理的经验和方法，引入了市场竞争机制、强调顾客导向、提高公共服务质量等新思路和新方法”。还有学者认为绩效管理是指“组织中的各级管理者用来确保下属员工的工作行为和工作产出与组织的目标保持一致，并通过不断改善其工作绩效，最终实现组织战略的手段和过程”。但无论如何定义，学界在绩效管理是一个包含绩效评估的综合性系统这一点上具有广泛共识。笔者将绩效管理定义为：围绕事先充分沟通并达成共识的目标，有效整合计划、组织、领导、协调、控制等管理手段，对素质绩效、过程绩效和结果绩效进行综合考虑，而形成的系统性动态管理手段和过程。

（二）绩效评估

绩效评估，有时也被国内学界翻译成“绩效评价”或“绩效考核”，是一个容易与绩效管理混淆的概念。学者们由于研究视角、研究对象和研究出发点的不同，对绩效评估的理解和定义也各不相同。国内有学者认为绩效评估是“在绩效周期结束时，选择有效的评价方法，由不同的评价主体对组织、群体及个人绩效做出判断的过程”。也有学者将绩效评估定义为“运用科学的标准、方法和程序，对个体或组织的业绩、成就和实际作为做尽可能准确的评价”。但学界都普遍认同，绩效评估是绩效管理过程中的一个核心环节，注重考核和评估，其结果具有滞后性。笔者将绩效评估定义为：在绩效周期的特定阶段，运用科学的标准、方法和程序，由不同的评估主体对组织、群体及个人绩效做出尽可能准确评估的过程。

2015 年新发展理念的提出，标志着我国政府绩效管理理念的巨大变革。如何将新发展理念真正落实在政府的日常行动中，如何用正确政绩观引导政府管理和创新，不仅需要对行政人员进行思想教育，更需要进行制度上的设计。在新的历史时期，对政府绩效进行评估是整个政府管理创新的一部分，关系到政府职能和运行机制转变，有利于提升政府管理能力，提升管理水平，提高行政效能；建立在新发展理念上的政府绩效评估制度，要求从根本上规范政府行为、改进行政人员行事准则和工作方式，从而推进政府管理改革和创新，推动经济和社会协调发展；政府绩效评估是政府绩效管理的核心，对于深化干部人事制度改革和加强党风、政风建设，对于弘扬求真务实精神和密切“党群”“干群”关系意义重大；政府绩效评估有助于法治政府、责任政府、服务政府的建设，进一步提高政府的行政能力，为经济社会发展注入新的活力和持久的动力。正是从这个意义上，政府绩效评估被认为是“新一轮政府创新的驱动器”。

（三）政府绩效管理

政府绩效的内涵十分丰富。20世纪70年代以后，随着“新公共管理运动”的兴起，政府绩效成为公共管理关注的焦点。对于政府绩效管理的定义，美国国家绩效评估中心的绩效衡量小组给出过经典定义：“政府绩效管理是利用绩效信息协助设定统一的绩效目标，进行资源配置和有限顺序的安排，以告知管理者维持或改变既定目标计划，并且报告成功符合目标的管理过程。”这一定义指出了绩效管理的本质，但表述过于西化。国内有学者认为，政府绩效是指“各级政府组织为了实现其使命和战略，在履行公共管理职能和提供社会公共服务过程中展现在政府组织不同层面上的行为及其结果。”一般认为，政府绩效包括社会绩效、经济绩效、政治绩效和文化绩效等四方面。笔者认为，政府绩效管理主要是指政府在履行公共职责的过程中，为了确保下级组织或个人的工作行为及工作产出与政府的既定目标保持一致，对内部制度与外部效应、数量与质量、刚性规范与柔性机制等方面，以公共产出的最大化和公共服务最优化为目标，通过不断改善政府组织各个层面的绩效，最终全面、系统地实现政府战略的管理手段及过程。政府绩效管理是一个闭合循环的管理系统。一般来说，一个正常运转的绩效管理需要有绩效计划、绩效监控、绩效评估、绩效反馈、绩效评估结果运用等环节。

二、主要特点

与传统的行政管理手段相比，政府绩效管理的管理主体、管理范围都大为增加，突出了全面、协调、创新、可持续发展的管理理念，有以下四个基本特点：

一是强调绩效评估。评估时，着眼于管理的价值取向和社会效益，重视管理过程的环境和心理因素，尽量做到定量分析和定向分析相结合。

二是强调服务和公众至上的理念。该理念强调政府是社会公共服务产品的供给者，其在提供产品时，必须以公众为中心，需要听取公众声音，按照公众要求，以公众和社会关注及需求为导向，提供优质公共产品。

三是强调多元服务主体。政府是社会公共服务产品生产的组织者，可以由社会中介组织、非营利组织、公私合作组织甚至是私人营利组织来承担一些技术性、具体性的社会事务，政府则主要发挥组织和监管的作用。

四是重视管理方法和技术的创新。与传统的政府管理手段相比，政府绩效管理讲求方法与目标的统一，借助目标管理、质量管理、绩效预算、平衡计分卡等可操作的管理方法，全面、客观、公平地对政府组织或个人进行纵向和横向比较，从而形成压力，产生激励，提高管理绩效。

三、国内探索实践综述

近年来，有关部委和各级地方政府积极探索绩效评估，形成了各具特色的模式。大体可以概括为以下方式：

（一）与目标管理责任制相结合的绩效评估

目标管理是我国开展最广泛的绩效管理方式。绩效评估在我国部分地方政府早期实践中是与目标管理结合在一起的，特点是将组织目标分解并落实到各个工作岗位，目标完成情况考核也相应针对各个工作岗位进行评估。例如，山东省潍坊市在开展目标绩效管理过程中，积极探索建立科学有效的领导体制和工作机制，提出了以科学发展观为指导，依靠目标绩效管理提高政府行政能力，实行全员目标、全员责任、全员考核。把目标的提报、形成、下达、分解，执行过程的督查、监控、分析，目标实施结果的考核、评估，目标绩效结果的评价、反馈，实行全过程、系统化管理，在提高政府效能、改善公共管理与服务方面发挥了重要作用。山西省运城市和福建省漳州市等地方政府也开展了类似的绩效评估试验。随着行政管理体制改革的深入，绩效评估作为目标责任制的一个环节，开始应用到政府部门，并逐步取代了原来的目标管理。例如，2018 年以来，辽宁省人民政府实施了"重实干、强执行、抓落实"绩效考核专项行动，年初对全年经济社会发展的重点指标、重点工作、重点任务和重大项目等建立台账，明确具体目标、责任单位和实施进度，录入绩效考核系统。根据指标情况实施月、季度、半年和全年考核，对完成进度实施红、黄、绿三色预警，以 14 个市级政府和 53 个省政府部门和单位为考核对象，绩效考核"风向标""指挥棒"的作用得到切实发挥，确保了全省各项经济社会发展目标的实现，推动了全省经济社会的发展。

（二）以改善政府及行业服务质量，提高公民满意度为目的的政府绩效评估

近年来，福建省厦门市实施的民主评议行业作风，上海市开展的旅游行业和通信行业行风评议，青海省、江西省进行的通信行业行风评议，河北省组织的司法和行政执法部门评议，江苏省无锡市试行的律师行业评议等，都是以提高行业服务质量和水平为目的的绩效评估活动。山东省烟台市试行的社会服务承诺制，广东省珠海市、江苏省南京市、辽宁省沈阳市、湖南省湘潭市、河北省邯郸市等地开展的"万人评政府"活动，由社会对政府部门进行评估，结果向社会公布。2020 年，国家卫生健康委员会制定《妇幼保健机构绩效考核办法》，启动对全国妇幼保健机构的绩效评价工作。绩效评价指标体系涵盖服务提供、满意度评价等 5 个方面 56 项内容，实行定量与定性相结合的方式，以期通过对妇幼保健机构开展绩效评价，带动调整完善机构内部绩效考核和薪酬分配方案，实现通过外

部绩效考核引导内部绩效考核，推动机构科学管理，进一步提高妇幼健康服务效率和服务质量。

（三）专业职能部门开展的政府绩效评估

这一类绩效评估的重点是促进专业领域中组织和个人成绩的提高。例如，2016 年，财政部选取了中组部、水利部、银监会、审计署等 15 个中央部门开展绩效目标执行监控试点，2017 年进一步扩大到所有中央部门，涉及资金 2 000 多亿元，同时跟踪项目绩效目标完成情况，对重点民生政策和重大支出项目绩效实施全过程监控，及时纠正执行偏差。又如，2017 年，安徽省太湖县国土局制定国土资源工作绩效考核办法，启动对国土资源系统人员工作的绩效考评，考评内容分为目标任务考核项目、共性考核项目、单位之间互评、局领导考评和加（减）分考核项目，评价指标体系坚持实事求是、注重实绩、客观公正、民主公开、奖惩结合的原则，坚持定量与定性相结合、日常考核与年度考核、领导评价与基层评价相结合，体现“奖优、治庸、罚劣”原则，考核对象包括各股室及直属事业单位和 16 个基层所，考核结果作为评先评优、交流提拔的重要依据，推动打破“大锅饭”现象。

（四）以效能监察为主要内容的绩效评估

效能监察主要是针对国家行政机关和公务员行政管理工作的效率、效果、工作规范情况进行监察，实际上是国家纪检监察部门依照法律、法规和有关规章对政府部门绩效进行的评估活动。例如，福建省、吉林省、重庆市等在全省（直辖市）行政机关开展了行政效能监察工作。北京市海淀区，江苏省苏州市、扬州市，山东省枣庄市，河南省安阳市等地都印发了开展效能监察的文件和工作细则。福建省效能办牵头于 2004 年开始对福建省 23 个政府部门和 9 个设区市政府的绩效进行评估。有的地方在科技、金融、商业、邮电、卫生等系统开展了效能监察。例如，2014 年，贵州省纪委监察厅出台派驻机构目标绩效管理考核方案对派驻机构实施考核，将派驻机构的工作进行量化管理，按基础分、满意度测评分、增比进位、负指标四项进行打分综合排名。考核结果与委厅年度目标绩效考核奖挂钩，同时进行考核结果通报。

（五）与政务督察相结合的绩效评估

例如，山东省青岛市围绕经济、政治、文化和社会四个方面的建设，将督查工作与政府绩效管理有机结合，构建了绩效导向的督查推进体系。该模式运用督查体系及平衡计分卡，确立政府各个部门的组织使命、核心价值观、远景目标及战略选择，以绩效示标的形式将城市发展战略量化分解落实到各个区市和相关的职能部门，并从顾客服务、内部流程、效率效益和学习成长四个维度测量、监控，改善党委和政府的绩效。又如，国务院成立全国打击侵权假冒领导小组，持续多年对全国各省（自治区、直辖市）打击侵犯知识产权和制售假冒伪劣商品工作实施绩效考核，部分省（自治区、直辖市）将考核延伸至地市级。2016年的考核指标体系涉及严格知识产权保护、治理假冒伪劣商品、严厉打击刑事犯罪、推动长效机制建设、提高社会公众意识、防范系统性风险等6个方面21个二级指标，内容涵盖商标专利、商业秘密、著作权、软件版权、林木种苗、兽药饲料、食品药品、建材、汽车、各类小商品等，涉及诸多行业和单位。考核结果作为政府平安中国建设的重要内容，引起地方政府的高度重视，取得较好成效。

（六）由第三方专业评估机构开展的政府绩效评估

例如，2017年，财政部和环境保护部联合印发了《水污染防治专项资金绩效评价办法》，启动了中央对地方水污染防治专项转移支付的绩效目标评价，该评价工作委托专家、中介机构等第三方参与，内容分资金管理、项目管理、产出和效益三个方面，共涉及3个一级指标，10个二级指标，绩效评价最终的结果量化为百分制综合评分，按分数分优秀、良好、合格和不合格四个等级，实施“奖优惩劣”。对年度绩效评价结果不合格的省份，暂停或减少拨付下一年度水污染防治专项资金，对于年度绩效评价结果优秀的省份，给予适当奖励。

（七）引入通用模型进行的绩效评估

国家行政学院在研究欧盟成员国使用的多种绩效评估模型的基础上，结合我国国情，构建了中国通用绩效评估框架（CAF）。CAF模型包括了促进和结果两大要素，共9大标准，其中领导力、人力资源管理、战略与规划、伙伴关系和资源、流程与变革管理属于促进要素；员工结果、顾客/公民结果、社会结果和关键绩效结果属于结果要素。9大指标下又包括27个次级指标。CAF模型在哈尔滨铁路检察院和厦门市思明区政府进行试点，初步取得效果。还有不少政府部门，运用企业和国外政府绩效管理理论和方法，如平衡计分卡、关键绩效指标法、全面质量管理、标杆管理，摸索出各具特色绩效评估模式，如深圳市国税局和南京市地税局将平衡计分卡理论引入绩效评估和管理中，取得明显成效，引起了广泛关注。

第二节

重大动物疫病延伸绩效管理的历史沿革和有关要求

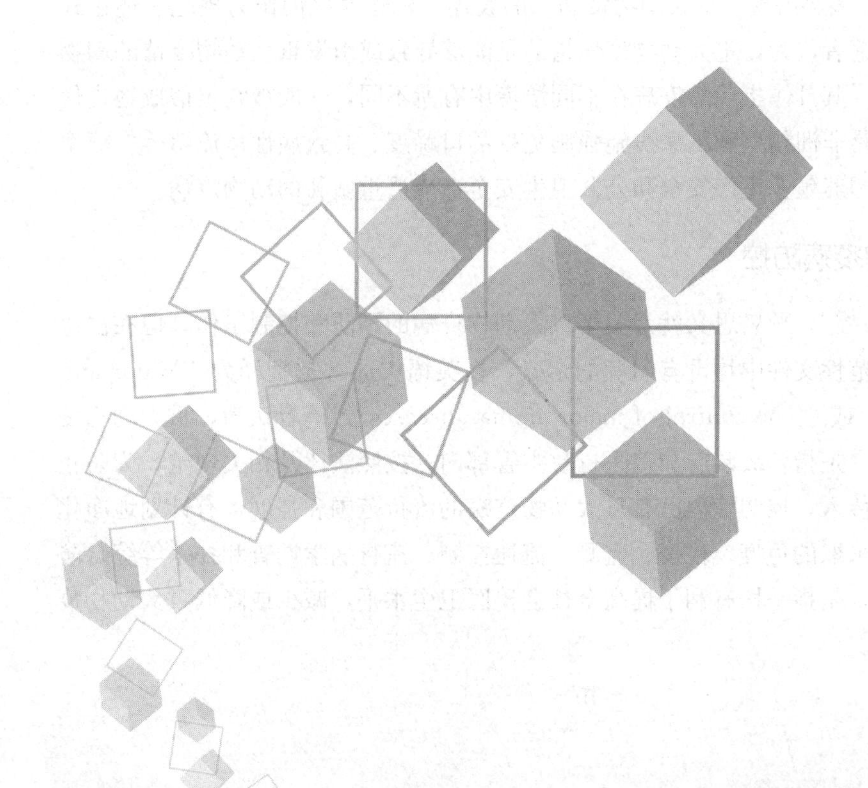

一、重大动物疫病防控绩效管理相关概念界定

（一）动物疫病

根据《动物防疫法》，动物疫病是指动物传染病，包括寄生虫病。动物防疫，是指动物疫病的预防、控制、诊疗、净化、消灭和动物、动物产品的检疫，以及病死动物、病害动物产品的无害化处理。根据动物疫病对养殖业生产和人体健康的危害程度，将动物疫病分为下列三类：①一类疫病，是指口蹄疫、非洲猪瘟、高致病性禽流感等对人、动物构成特别严重危害，可能造成重大经济损失和社会影响，需要采取紧急、严厉的强制预防、控制等措施的；②二类疫病，是指狂犬病、布鲁氏菌病、草鱼出血病等对人、动物构成严重危害，可能造成较大经济损失和社会影响，需要采取严格预防、控制等措施的；③三类疫病，是指大肠杆菌病、禽结核病、鳖腮腺炎病等常见多发，对人、动物构成危害，可能造成一定程度的经济损失和社会影响，需要及时预防、控制的。

（二）重大动物疫病

"重大动物疫病"一词，广泛运用于全国畜牧兽医系统的大量公文之中，但在法律法规、部门规章和规范性文件中均没有对其进行明确的定义，其最早开始使用的时间难以准确考证。一般认为，2001 年 5 月《国务院关于进一步加强动物防疫工作的通知》（国发〔2001〕14 号）正文中多次出现"重大动物疫病"的表述，标志着该词作为规范表述正式得到了官方的认可。笔者认为，重大动物疫病指的是能够导致或引发重大动物疫情的动物疫病。在工作实践中，其具体指代的疫病在不同语境中有所不同，一般被约定俗成地指代一类动物疫病，特别是非洲猪瘟和国家实施强制免疫的口蹄疫、高致病性禽流感等发病率或者死亡率高，对全国养殖业生产安全和公共卫生安全造成严重威胁的动物疫病。

（三）重大动物疫病防控

"重大动物疫病防控"，顾名思义就是关于重大动物疫病的预防和控制工作，但在法律法规、部门规章和规范性文件中均没有明确的定义，在英语中通常被翻译为"Major animal diseases control"或"The control of major animal diseases"。笔者认为，重大动物疫病防控，从狭义上讲，是指各级政府和兽医行政主管部门，按照法律及相关规定，为防止外来重大动物疫病的传入，控制境内已有重大动物疫病的流行范围和强度，有计划地净化重大动物疫病而组织采取的免疫、检疫、监测、流通控制、流行病学调查和扑杀等综合防控措施。从广义上讲，是指一切有利于提高全社会兽医卫生水平，减少或降低重大动物疫病所造成损失的行为。

（四）重大动物疫病防控绩效管理

重大动物疫病防控绩效管理是指政府和兽医公共部门，在防止外来重大动物疫病的传入，控制境内已有重大动物疫病的流行范围和强度，有计划地净化重大动物疫病的过程中，为了确保下级政府和兽医公共部门的工作行为及工作结果能围绕国家动物疫病防治整体规划和其他既定战略目标，对内部制度与外部效应、刚性规范与柔性机制、人力资源管理与财政资金分配等方面，以保障养殖业生产安全和公共卫生安全为目标而实施的，最终能够全面、系统地推动兽医事业科学发展的管理手段及过程。

二、历史沿革

从 1999 年至今，国内的重大动物疫病防控绩效管理工作一边摸索，一边总结，一边完善，大致经历了起步阶段（1999—2001 年）、探索阶段（2002—2011 年）、完善阶段（2012 年至今）三个阶段。通过对历史的回顾，从中可以发现一条从传统的工作考核到单一的绩效评估，再到综合性的绩效管理的发展脉络。

（一）起步阶段

新中国成立后，农业部重视通过考核、检查、评比等手段了解和掌握各地动物疫病防控工作开展情况，并推动重点工作的落实。1985 年国家颁布施行《家畜家禽防疫条例》后，对地方开展畜禽防疫工作督查成为农牧渔业部的法定职责。根据地方实践经验，从 1991 年开始，农业部在全国开始试行“畜禽防疫双轨目标管理责任制”，即动物防疫“双轨”目标管理责任制。1996 年，农业部在四川乐山召开现场会，在全国全面推行动物防疫“双轨”制，将动物防疫工作细化后的指标，以合同的形式签订下来。在目标管理责任制实施近 3 年后，1999 年上半年，按照农业部的要求，当时的全国畜牧兽医总站印发了《关于开展 1998—1999 年全国动物防疫工作目标管理考核的通知》，组织对各省份的动物防疫工作实行目标管理的落实情况进行一次大规模的“千分制”考核。该考核是改革开放以来，农业部首次组织的对全国范围内的动物防疫工作进行的全方位检查，其考核内容、组织形式、考核程序和结果运用等，已经初步具备了政府绩效管理的雏形，这标志着绩效管理的基本理念和做法被正式引入我国重大动物疫病防控工作。

起步阶段的绩效管理工作主要以绩效评估的形式出现。绩效评估的载体是全国动物防疫工作目标管理考核；具体组织机构是全国防治牲畜口蹄疫总指挥部办公室、全国畜牧兽医总站防疫监督处；绩效评估办法是考核组现场检查、核实、打分；现场评估组织形式是组成 16 个考核组，每个组 3～5 人，由全国防治牲畜口蹄疫总指挥部办公室、全国畜牧兽医总站和各省份重大动物疫病防控管理机构、动物防疫监督机构负责人组成，实行组长责任制，每个组负责考核 2 个省份；结果运用办法是以全国防治牲畜口蹄疫总指挥部办公室和全国畜牧兽医总站名义通报考核结果，并对总分前五名和重点单项得分前五名进行表彰。

起步阶段的成效主要是在全国畜牧兽医系统首次引入了“目标管理”的概念，提高了全社会对动物防疫工作的认识，促进了动物防疫工作的规范化管理，协调理顺了中央和地方畜牧兽医部门之间的业务指导关系，促进了地方兽医领域立法和标准制定工作，积累了宝贵原始素材，有助于摸清动物疫情底数，为决策提供了科学依据。

（二）探索阶段

从 2002 年起，农业部改为每年在春秋两季组织全国“重大动物疫病免疫情况检查”，根据年度防疫工作重点制订检查方案，对省、地、县、乡、村各级防疫网络的工作进行评估，同时从场、户、市场等处实地采集样品检测免疫抗体滴度，最后由农业部对省级人民政府进行检查情况通报。该检查重点精简了考核指标数量，并引入了大量的定量指标，由检查组从地方采样后统一交由实验室检测。2004 年农业部兽医局成立之后，进一步规范了对各地每年的春秋两季动物防疫工作检查。2004 年起，农业部每年印发《国家动物疫病监测方案》（2009 年起改为《国家动物疫病监测计划》），2005 年和 2007 年起每年又分别印发《国家动物疫病强制免疫计划》和《全国主要动物疫病流行病学调查方案》，规范了每年的春秋两季动物防疫工作的检查内容。2008 年，农业部印发了《重大动物疫病防控工作评价指标体系》，分别对省、地、县、乡四级兽医机构以及规模化养殖场和散养户的工作绩效进行评价，突出了指标的系统性概念。从 2010 年起，农业部在国务院各部门中率先开展了绩效管理，2011 年被确定为全国政府绩效管理试点部门，这些都为绩效管理向省级兽医主管部门延伸做好了思想准备、知识准备和组织准备。

探索阶段的绩效管理工作仍主要以绩效评估的形式出现。绩效评估载体是全国春（秋）季重大动物疫病免疫情况检查；绩效评估办法是检查组现场检查与抽样实验室检测相结合；现场评估组织形式是组成 32 个检查组，每个组 3～5 人，由每个省份抽调 3 人，由省级畜牧兽医厅（局）主管兽医工作的负责人任组长，外加省级畜牧兽医厅（局）或省级疫控中心防疫业务骨干和省级动物疫病预防控制机构实验室工作人员各 1 名，中国动物疫病预防控制中心为每个检查组安排 1 名联络员，实行组长责任制，各组交叉检查；结果运用办法是以农业部办公厅名义向各省份兽医主管部门通报检查结果，并要求抽查结果不合格的省份限期整改。

探索阶段的成效主要是在国内绩效管理大环境尚不成熟的情况下，坚持不间断地开展以目标管理为特征的全国春（秋）季重大动物疫病免疫情况检查工作，经过 10 年的努力，使绩效管理的理念扎根到全国兽医系统，为 2012 年开始正式实施延伸绩效管理工作奠定了基础。

（三）完善阶段

在总结 2010 年以来部机关各司局和部分直属事业单位绩效管理工作的基础上，农业部研究决定，从 2012 年开始，选择“强农惠农富农政策落实”“保持粮食生产稳定”“‘菜篮子’产品生产”“加强重大动物疫病防控”和“农产品质量安全监管”等5项中央政府高度关注，与公众生活息息相关的重点工作对省级农业部门开展延伸绩效管理（此后延伸绩效管理的项目根据工作需要逐年增加，至2020年度已增加至15个子项）。农业农村部畜牧兽医局作为全国兽医行业主管司局，牵头承担了其中的“加强重大动物疫病防控”延伸绩效管理的组织工作。这标志着重大动物疫病防控绩效管理工作进入了完善阶段。近十年来，农业农村部畜牧兽医局不断总结工作经验，持续优化指标体系，逐步完善工作方法，充分发挥延伸绩效管理的“指挥棒”作用，在广泛调动地方工作积极性的同时，有效增强畜牧兽医系统工作的协同性。农业农村部于康震副部长曾先后多次作出肯定性批示，指出“畜牧兽医局用好延伸绩效这根指挥棒，推动地方动物防疫工作不断深入，成效明显”，强调“以延伸绩效管理为抓手，推动地方兽医卫生事业的发展，是一个很好的做法和宝贵的经验，应予充分肯定”，希望“再接再厉，久久为功”“百尺竿头更进一步，为生猪生产恢复和发展保驾护航”。农业农村部畜牧兽医局杨振海局长认为“重大动物疫病延伸绩效管理坚持了近十年，可谓‘十年磨一剑’，值得学习借鉴”。

在工作中，农业农村部畜牧兽医局深刻认识到，延伸绩效管理不同于对地方的业务考核和专项工作督查，是一个分年度闭合循环的管理系统，更是推动重点工作在基层落实落地落细的一个有力抓手。因此，在抓住计划制定、过程监控、绩效评估和结果运用等关键环节的基础上，着力做到“五个坚持”。一是坚持高位推动。成立高规格的领导小组，由畜牧兽医局主要负责同志任组长，畜牧兽医系统事业单位相关负责同志任成员，高位推动延伸绩效管理工作。二是坚持持续优化。按照“大稳定、小调整”的原则，不断总结经验，改进不足，持续优化绩效管理工作方案和指标体系，使其既充分体现当年度的重点工作要求，又便于地方操作落实和前后年度比较衔接。三是坚持专业评审。组建一支高素质的兼职评审专家队伍，定期交流研讨，提升业务能力，力争在评审时能够“一把尺子量到底”。四是坚持公平公正。实施专家随机分组、抽签决定评审省份的“双随机”评估，并录像留证，确保过程透明公正。五是坚持鼓励创新。设置专门指标，指导各省申报年度特色工作，经专家评审后再通过编印简报等形式供各地相互学习借鉴，为地方搭建展示创新工作成效的平台。

为做好延伸绩效管理，农业农村部畜牧兽医局注重从三方面进行把握：一是分类别。在绩效指标制定时，充分考虑各地的实际差异，不搞“一刀切”，在一些指标的设计上，对东中西部以及畜牧业主产区和畜产品主销区进行分类设置，并适当向中西部地区和主产区倾斜。二是勤沟通。每年的工作方案和指标体系初稿形成后，通过召开专家研讨会、发函征求意见等多种形式，加强与地方的沟通，明确年度绩效目标，更好凝聚各方共识，推动中心工作有效开展。三是强指导。做好延伸绩效的过程管理和日常指导，及时反馈评估结果，推动地方补齐工作短板，持续提升绩效，充分调动地方强化延伸绩效管理的积极性和主动性。截至2019年度，已先后有23个省份获得过优秀等次。

在2020年6月22日召开的农业农村部2020年度绩效管理启动会暨督查绩效业务培训交流会上，农业农村部办公厅根据2019年度绩效管理考核通报结果和日常工作实际，选取4个先进司局单位作了典型经验现场交流，畜牧兽医局作为部内承担延伸绩效管理子项目的唯一代表汇报了加强重大动物疫病防控延伸绩效管理的经验做法。随后，农业农村部印发督查通报〔2020〕8号，对畜牧兽医局在延伸绩效管理方面的典型做法予以通报。

三、树立正确的价值取向

价值取向是政府绩效评估的灵魂，决定了政府部门具体行为的价值选择，并对整个绩效管理产生方向性、根本性的影响。重大动物疫病防控绩效管理能否树立“公共利益”至上的价值取向，不仅直接影响到重大动物疫病防控工作的整体方向和兽医卫生的整体绩效，也直接关系到重大动物疫病绩效管理工作的成败。笔者认为可以通过以下几方面工作来树立正确的价值取向：

（一）树立正确的政绩观和“疫情观”

正确的政绩观具体到重大动物疫病防控工作方面，就是要体现新发展理念的深刻内涵和基本要求，“不唯疫情论英雄”，不片面地追求不发生重大动物疫病，不将重大动物疫病防控工作简单地等同视为动物防疫工作，进而再简化为免疫工作，而是要按照“同一世界，同一健康”的理念，将重大动物疫病防控工作与保障养殖业生产安全、动物产品质量安全、公共卫生安全和生态安全紧密结合，全面强化动物防疫体系建设，激发兽医行业内生动力，提高兽医工作保障能力，从而全面提高全社会的兽医公共卫生水平。同时，中央政府因正视地方政府面临的现实困境，探索建立重大动物疫病责任评估制度和重大动物疫情政治风险化解机制，客观评价地方政府的动物防疫工作完成情况，消除地方的后顾之忧。

（二）体现服务导向

公共服务是政府工作的本质。应在绩效管理各个环节树立服务导向的理念，真正维护养殖者、动物产品消费者和兽医基层工作者的根本利益，真正把群众是否满意作为重大动物疫病绩效管理工作追求的目标和评估的标准，统筹兼顾经济、效率、效益和公平。

（三）突出结果导向

结果导向要体现在政府为结果而管理，更加注重民众需求和回应。结果导向要求政府节约重大动物疫病防控行政成本，控制资源消耗，努力提高重大动物疫病防控领域政府管理的效率和效益，实现兽医公共资源效用最大化，使公众公平地享受到优质的兽医公共服务。

四、实施方案和指标体系

为更好推动各地落实国家重大动物疫病防控措施，从2012年开始，农业农村部畜牧兽医局对各省级畜牧兽医主管部门持续开展加强重大动物疫病防控延伸绩效管理，并结合当年动物疫病防控形势和党中央国务院有关要求，每年制定《加强重大动物疫病防控延伸绩效管理实施方案》和《加强重大动物疫病防控延伸绩效管理指标体系》。

（一）考核原则

一是系统性原则。重大动物疫病防控绩效评估体系包括强制免疫、检疫监督、疫病监测和流行病学调查、内部管理、对外协调等方面的绩效评估子系统，各个子系统的绩效水平需要借助相应的指标才能得以反映。为使绩效评估结果全面、准确，建立的指标体系必须具有足够的涵盖面，才能够充分反映重大动物疫病防控绩效管理的系统性特征。系统性也意味着评估体系不是评估指标的简单拼凑和堆积，而是按照一定的原则合理地将若干个相互独立的指标构成一个指标群，反映绩效某一层面的实质内容，如应急反应能力、检疫监管水平等。几个相互独立的指标群汇总在一起，就构成了一个完整的指标体系。

二是可操作性原则。评估指标体系必须能实际应用到绩效评估之中，这就要求指标体系具有实际工作中的可操作性。第一，数据资料要容易获得且容易验证。数据资料要尽可能通过权威的第三方（如统计局的数据和专业年鉴）获得，或是在现有工作资料基础上简单加工和处理即可获得，或是直接通过权威实验室检测数据以及现场访谈和问卷调查获得“第一手”资料。第二，数据资料要可以量化。尽量选用“免疫抗体水平”等能够保证真实、可靠和有效的定量指标，类似于“工作是否到位”之类的定性指标和经验性指标应尽量少用。第三，指标要“少而精”。作为一个专项评估而非对诸如“国民经济发展水平”之类的综合性评估，重大动物疫病防控绩效评估指标体系要避免形成过于复杂的指标群或指标树，其三级指标数量以控制在 30 个左右为宜。

三是有效性原则。构建的指标体系必须与所评估对象相适应，突出“提高兽医公共服务能力”这一核心任务和“保障养殖业生产安全、动物产品质量安全、公共卫生安全和生态安全”这一核心目标，选取诸如“免疫密度”“动物疫病监测与流行病学调查情况”等最能够真实反映重大动物疫病防控成效，体现重大动物疫病防控绩效的本质或主要特征的指标作为关键绩效指标，适当兼顾“应急值班值守情况”等过程性指标。

四是动态性原则。因为重大动物疫病防控绩效是一个动态的积累过程，它对整个畜牧业影响的滞后性及其他因素的影响，不易立即取得其真实值，所以在选择评估指标时，既要有反映绩效实际水平的现实指标（静态指标），又要有反映绩效发展趋势的过程指标（动态指标），以综合反映评估对象的实际绩效。此外，在我国政府改革的大背景下，由于绩效系统的运行过程中，国内兽医管理职能可能会不断地发生变化（如新增畜禽屠宰管理职能），重大动物疫情形势也随时可能发生改变（如小反刍兽疫、非洲猪瘟等疫病从境外的传入），导致重大动物疫病防控工作的内涵和阶段性工作重点也随之变化，因此绩效评估指标不能保持长期不变，应根据形势发展的需要对评估指标进行适当的调整。

五是可比性原则。必须明确解释指标体系中每一个指标的定义、统计口径、计算方法、时间起止以及适用范围（最好还能事先明确万一遇到特殊情况，未能采集到可以置信的数据时，对相应项指标分数的处理办法[①]），使评估结果能够分别进行横向和纵向比较，从而便于绩效管理的组织者掌握“同一时间的不同地区”或“同一个地区的不同时期”重大动物疫病防控绩效的实际水平和变化趋势。为确保可比性，评估指标应尽量换算成“合格率”“增长率”“覆盖率”等相对指标，尽量少用或不用绝对指标。

六是相对稳定性原则。事物变化的绝对性决定了评估指标具有绝对的动态性。但评估结果必须要能在一定程度上进行纵向比较才能准确反映一项工作的发展变化过程。同时，为了防止频繁变更评估指标造成评估对象难以适应，增加评估工作的严肃性，评估指标必须做到相对稳定，特别是主要指标和核心指标经认真研究后一旦确定，没有特殊情况，不能一次性做大的改动，做到“大稳定、小调整”。

七是导向性原则。评估指标的选择，必须有利于实现国家兽医主管部门开展绩效评估的目的，即通过绩效评估，掌握各省份在重大动物疫病防控工作方面有效的绩效信息，全面了解现状、及时发现问题、帮助查找差距、促进整改提高，进而促进当地重大动物疫病防控能力的提升和国家整体重大动物疫病防控策略的实现。

八是独立性原则。这要求指标体系中的各项指标都含有独立的信息，反映特定的工作绩效，相互之间既不能替代又不能重合。同等情况下，要选择包含有效信息量大、更能反映当地重大动物疫病防控工作特点和完成程度的指标。如“免疫抗体合格率”一个指标，就能够直接和间接地反映当地的基层兽医公共服务水平、基层兽医行政管理能力、政府采购疫苗质量、疫苗冷链完整程度、免疫程序合理性等多项工作。

（二）绩效管理指标体系

绩效管理指标体系一般由基础分和附加分组成。针对当年重大动物疫病防控形势和新要求，每年均对指标体系按照“大稳定、小调整”进行优化调整。近几年，每一年度的一级指标基本保持在 8 项左右；二级指标控制在 40 项左右，附加分指标不超过 9 项，同时对分值权重进行了适当调整，评分标准和备注做了相应修订。

2017 年度：重点评估各省（自治区、直辖市）兽医主管部门围绕加强重大动物疫病防控核心任务，开展动物疫病监测和流行病学调查、重大动物疫病强制免疫、动物疫情应急处置、动物卫生监督管理、畜禽屠宰监管、兽药残留综合治理及兽药监督、协调落实经费、兽医体系核心能力建设和绩效管理等工作情况。对重大动物疫病防控工作得到上级领导和群众肯定，扎实开展地区常见畜禽疫病防控指导工作，推动无规定动物疫病区和生物安全隔离区建设评估，动物卫生监督检查站截获、报告并按规定处置动物疫情，创新兽医政策法律制度，查处制售假劣兽药和生猪屠宰重大案件，开展特色工作且成效显著的省

① 农业农村部“加强重大动物疫病防控延伸绩效管理”评估指标体系规定：“由于客观原因个别小项没有相应数据的省份对应内容可得该项分值 95%的分数。”

（自治区、直辖市）给予额外加分。该年度一级指标为 9 项，与上一年度保持不变；二级指标从 30 项增加到 36 项，并根据年度工作重点对部分指标进行了替换和内容优化。特别是在附加分中增设 2 分的“动物卫生监督检查站截获、报告并按规定处置动物疫情情况”，旨在引导地方加大动物移动环节疫情核查力度。

2018 年度：重点评估各省（自治区、直辖市）畜牧兽医主管部门围绕加强重大动物疫病防控核心任务，开展非洲猪瘟防控、重大动物疫病强制免疫、动物疫病监测和流行病学调查、动物疫情应急处置、动物卫生监督管理、其他相关重点工作落实、兽医体系核心能力建设和绩效管理日常工作等工作情况。对工作得到上级领导和社会肯定，推动实施分区防控，动物卫生监督检查站截获、报告并按规定处置动物疫情，推动无规定动物疫病区建设评估，开展动物卫生风险评估工作，设立指定通道和建成活畜禽运输车辆洗消中心，创新兽医政策制度，承担改革试点任务，根据本地区工作实际开展特色工作的省（自治区、直辖市）给予一定的附加分。该年度一级指标保持 9 项不变；二级指标从 36 项增加到 39 项，并及时增加了反映非洲猪瘟防控工作情况的指标。2018 年度最大的变化是为加强对中央领导关注的重点工作和部分临时性工作的督查督办工作，对指标体系框架进行了一定的调整，在原有的 100 分基础分和 10 分附加分的基础上，增加了 5 分的督查专项分。与上年度的指标体系相比，2018 年度的指标体系导向性更加明显，也更有利于调动地方参与试点、承办全国性会议等工作的积极性。

2019 年度：重点评估各省（自治区、直辖市）畜牧兽医主管部门围绕加强重大动物疫病防控这一核心任务，开展非洲猪瘟防控、重大动物疫病强制免疫、动物疫病监测和流行病学调查、动物疫情应急处置、动物卫生监督管理、其他相关重点工作落实、兽医体系核心能力建设和绩效管理日常工作等工作情况。对工作得到上级领导和社会肯定，推动实施分区防控，动物卫生监督检查站截获、报告并按规定处置动物疫情，推动无规定动物疫病区和无疫小区建设评估，开展动物卫生风险评估工作，设立指定通道和建成活畜禽运输车辆洗消中心，创新兽医政策制度，承担改革试点任务，根据本地区工作实际开展特色工作的省（自治区、直辖市）给予一定的附加分。为落实中央为基层减负的要求，2019 年度指标体系在突出非洲猪瘟防控相关内容的情况下，进行大幅“瘦身”，将 2018 年度“100＋10＋5”共计 115 分的总分压缩为“90＋10”共计 100 分的总分，具体指标数从 2018 年度的 51 条减少到 35 条，数量减少 31.4％。

2020 年度：重点评估各省（自治区、直辖市）畜牧兽医主管部门围绕加强重大动物疫病防控这一核心任务，开展非洲猪瘟防控强化措施落实、重大动物疫病强制免疫、动物疫病监测和流行病学调查、动物疫情应急处置、动物卫生监督管理、其他相关重点工作落实、兽医体系核心能力建设和绩效管理工作等情况。对工作得到上级领导和社会肯定，加强主要畜产品生产，加快生猪生产恢复，推动实施非洲猪瘟分区防控，动物卫生监督检查站截获、报告并按规定处置动物疫情以及创新畜牧兽医政策法律制度，承担改革试点任务，开展主要动物疫病净化，根据本地区工作实际开展特色工作的省（自治区、直辖市）给予一定的附加分。2020 年度总分保持“90＋10”共计 100 分不变，具体指标数微调为“28+9”共37条，并做到三个“突出”：一是突出目标导向，在指标体系中充分体现非洲猪瘟常态化防控等年度重点工作要求；二是突出问题导向，压缩指标数量，优化评估流程，继续为基层减负；三是突出结果导向，在附加分中增加畜禽生产性指标，通过畜产品安全有效供给的结果来衡量兽医卫生工作的成效（2020年度实施方案和指标体系详见附录）。

（三）结果运用

评估得分排名前1/3（2012—2017年度）或1/4（2018年度起）的省（自治区、直辖市）评定为优秀等次。对于总分增加、名次提升或者工作进步明显的单位，也一并予以通报（2018年度起）。根据考核结果，对年度考核为优秀等次的省（自治区、直辖市）畜牧兽医主管部门予以表彰，并通报相关省级人民政府。对评定为优秀等次的省（自治区、直辖市）畜牧兽医主管部门，农业农村部在基层防疫体系建设项目安排、动物疫情监测与防治经费安排等方面予以倾斜。

（四）有关要求

一是加强组织协调。各省（自治区、直辖市）应成立相应的加强重大动物疫病防控延伸绩效管理领导小组和办公室，负责本辖区的延伸绩效管理工作，加强队伍建设，强化组织协调，明确责任处室或牵头部门，具体落实各项工作任务，确保全部绩效指标扎实有序完成。

二是强化督促检查。各省（自治区、直辖市）畜牧兽医主管部门要加强专项工作延伸绩效管理的督促检查，不定期组成督查组重点对年度工作计划安排、政策执行效力、资金拨付等情况开展督促检查，对督查工作中发现的问题要及时梳理、及时整改。

三是严格工作纪律。在延伸绩效管理实施过程中，要认真贯彻落实中央八项规定，严格遵守党风廉政建设各项规定和保密纪律，切实做到实事求是、客观公正。

五、未来展望

一是继续优化实施方案和指标体系。落实中央为基层减负的精神，不要求将绩效管理向市县一级延伸，继续压缩指标数量。在指标体系中注意处理好年度的重点工作安排和长期行业能力建设的关系，及时细化相关重要文件的具体内容，及时体现对非洲猪瘟常态化防控、动物防疫体系建设等兽医卫生重点工作的新要求，及时反映新情况或新问题。

二是深入开展调研研究。对各地绩效评估中发现的问题，特别是共性问题，进行深入分析。深入基层调研，提炼连续获得优秀等次的省份以及排名持续上升省份开展延伸绩效考核的好经验、好做法；对长期排名靠后以及退步较大的省份，结合业务工作进行督导，重点加强人员培训和业务指导，帮助其解决实际困难，切实提升动物疫病防控能力和绩效管理水平。

三是继续完善专家队伍。在部属事业单位长期参与延伸绩效管理的人员中跟踪培养3～4名业务素质过硬的核心评估专家，并通过适时安排到先进省份调研、座谈研讨等形式提高专家们的工作业务水平。

四是进一步加强评估结果运用。继续挖掘地方的好经验好做法，对其中可复制可推广的典型经验和特色工作通过《畜牧兽医工作动态》《农民日报》和“中国兽医发布”微信公众号等载体进行宣传总结，供各地学习借鉴。

第三节

近年来各地开展延伸绩效管理特色工作的主要做法

一、2018 年各地延伸绩效管理特色工作综述

二、2019 年各地延伸绩效管理特色工作综述

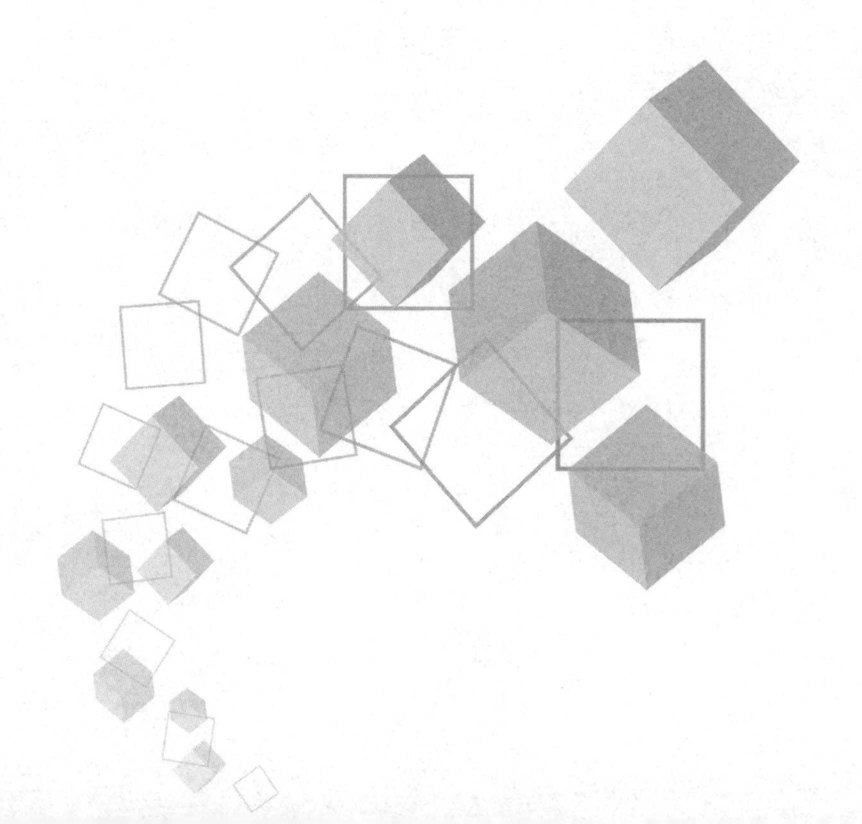

自2014年开始，为鼓励各省级畜牧兽医管理部门立足当地实际，创新工作方式方法，推动畜牧兽医治理体系和治理能力现代化，农业农村部每年均在“加强重大动物疫病防控延伸绩效管理”指标体系中设置了“根据本地区工作实际开展特色工作情况”指标，并组织专家对各地特色工作完成情况进行评审。各省级畜牧兽医部门高度重视，积极行动，形成了一批可借鉴、可复制、可推广的特色工作成果，得到农业农村部多位部领导的肯定性批示，强调“创新永无止境”“推进兽医卫生供给侧结构性改革，创新是动力、是出路”，指出“这项工作抓得好”，上述做法“把绩效管理工作与系统内的整体工作有效结合，产生了良好的效果”“成效显著”“值得我们学习和借鉴”。

一、2018年各地延伸绩效管理特色工作综述

2018年，各地畜牧兽医部门深入贯彻落实党的十九大精神，按照农业农村部“优供给、强安全、保生态”的统一要求，坚持问题导向，在全力抓好非洲猪瘟疫情防控的同时，瞄准制约当地兽医卫生工作的“硬骨头”，大胆创新工作举措和工作方式，形成了一批特色鲜明、成效显著的工作成果，有力推动了兽医卫生供给侧结构性改革，有效助推了乡村振兴战略高效实施。

（一）在非洲猪瘟防控方面

贵州省针对生猪养殖经济特点，锚定生猪及其产品调运风险隐患，立足保障肉品市场供应和畜牧养殖安全，通过设立动物及动物产品指定通道、运用“大数据＋调运监管”等措施创新监管方式，将区域、用途、品类进一步细化，不断强化调运监管，加强监测排查、统筹生产供应与疫病防控“两手抓”，切实加强非洲猪瘟防控，确保疫情不蔓延成势。**河北省**以强化非洲猪瘟防控为重点，兼顾其他重大动物疫病防控工作，通过采取集中统一指挥、层层压实责任，狠抓疫情外堵、疫情排查、疫情内控、生猪检疫等四项关键措施，积极探索提升动物疫病防控效能的新路子。**辽宁省**实施最为严厉的“省定两项措施”，即升级指挥部规格、限制生猪移动和停止交易。省政府实行日报告、周调度制度，健全了省、市、县、乡、村五级责任体系，各部门各司其职密切配合，努力做到非洲猪瘟防治形势可控。**广东省**建立严密的非洲猪瘟防控体系，强化压实责任，强化全面监测排查、强化快速应急处置，有序应对非洲猪瘟，保障广东省和港澳生猪供给。**吉林省**研发应急推演系统，提升“动监e通”监管效能，加大科普宣传和技术培训工作力度，加强养殖场户和防疫人员防控非洲猪瘟的意识和养殖场生物安全管理能力，提高非洲猪瘟防控水平。**天津市**持续开展“泔水猪”专项整治行动，强化餐厨垃圾处理全程监管和处理企业监管，加强舆情监督，建立监督巡查和有奖举报等长效机制，引导生猪养殖场户实施科学健康养殖，使用餐厨剩余物饲喂生猪现象得到有效管控。**山西省**开展生猪产品冷库库存专项清理行动和

餐厨剩余物整治专项行动“两项行动”，建立健全属地管理、领导包保、监管网格、有奖举报“四项制度”，有序开展非洲猪瘟防控工作。

（二）在疫病净化控制方面

福建省注重制度设计，坚持政策引导，整合社会资源，着力打造以原种畜禽场净化带动下游扩繁场和商品场防控，由养殖场单点净化向区域防控推进的净化工作模式。**河南省**按照行政推进有力、技术保障到位、机制创新驱动的思路，积极推进动物疫病净化工作，涌现出一批净化示范场家，13 家企业获得“国家动物疫病净化示范场/创建场”，总数位居全国第一。**陕西省**创新工作机制和净化模式，推行规模奶牛场“两病”的“基数包干、达标奖励”净化机制，完善扑杀补偿政策和保险联动机制，养殖企业参与“两病”净化工作积极性显著提高。**云南省**创建跨境动物疫病区域化管理新模式，通过加强动物非法流动管控、兽医领域多边合作，在边境沿线建设了纵深 30～100 千米的境外口蹄疫免疫带，为中国—老挝—缅甸跨境防控合作探索出了一条新路子。

（三）在重点人畜共患病防控方面

北京市全面提升狂犬病防控能力，通过强免疫、重监测、抓宣教等途径，鼓励社会服务机构参与，加大免疫信息管理建设，提升免疫人员操作技术，不断强化犬只强制免疫工作，扩大免疫覆盖面，提高免疫质量，有效维护首都兽医卫生公共安全。**黑龙江省**扎实开展布鲁氏菌病强制免疫工作，组织实施基线调查，制订牲畜布鲁氏菌病的基线调查实施方案和免疫实施方案，科学开展牲畜布鲁氏菌病疫苗免疫试点工作，认真实施牛羊布鲁氏菌病的全省强制免疫工作。**四川省**积极探索广元市牛羊布鲁氏菌病净化整市试点工作，实施效果显著，流行强度呈明显下降趋势，人感染病例大幅下降，病原污染面稳定控制，实现了“两降一控”目标。**青海省**坚持抓机制建设推进任务落实、抓示范引领推进管理提升、抓经费保障推进设施建设、抓综合施策推进源头控制、抓检测评估推进防治效果、抓宣传教育推进群防群治、抓科研培训推进技术提升，通过“七抓七推”工作法，不断强化畜间包虫病源头控制，进一步降低畜间包虫病流行率。

（四）在动物卫生监督和屠宰监管方面

重庆市强化动物调运信息化、调运备案、指定道口建设与运转、动物到达监督执法等工作，全面实施动物调运管理制度，严把外疫传入关，促进养殖业健康发展。**甘肃省**多措并举，创新运用跨省调入动物信息推送、查询和确认等信息化技术，出台规范监管制度，强化专项督查和人员培训，推进跨省调入动物落地监管工作常态化、程序化、制度化。**安徽省**以规范动物卫生监督执法为重点，实施体系建设规范化、制度建设系列化、监督管理精细化、案件把关评审化、日常工作痕迹化、学习培训常态化“六化工作法”，摸索形成了“埇桥模式”。**湖南省**努力做到规划到位、政策到位、经费到位、配合到位、落实到位、监管到位“六个到位”，基本实现全省病死畜禽无害化处理、资源化利用全覆盖。**江苏省**

积极推进生猪屠宰标准化建设，通过借鉴国内外生猪屠宰质量安全管理先进经验，创新建立生猪屠宰质量管理体系的“五化四有”标准化建设模式。

（五）在基层动物防疫体系和能力建设方面

上海市通过防疫示范村建设，充分发挥以点带面作用，逐步构建乡村动物防疫工作长效管理机制，提升上海市乡村防疫工作标准化和规范化水平。**山东省**人民政府办公厅印发《关于改革和完善村级动物防疫员管理制度的意见》，从加强队伍建设、明确工作职责、合理配置人员数量、完善管理模式、建立补助经费保障机制五个方面，大力推进村级动物防疫员队伍建设和管理制度改革。**江西省**多途径加强基层队伍建设，采取“定向招生、定向培养、定向就业”方式培养乡镇畜牧兽医工作人员，启动兽医社会化服务组织建设试点，有效破解乡镇兽医人员“进不来、留不住、用不上”的难题。**广西壮族自治区**大力培育动物防疫合作社，择优选择村级动物防疫员组成农民专业经济合作组织，通过规范管理制度、依法签订合同、整合多项资金、加强培训指导，推进兽医社会化服务组织提供动物防疫技术服务。**宁夏回族自治区**积极培育和引导兽医社会化服务组织承接兽医公益性服务，推动开展不同模式兽医社会化服务，制定考核评估标准，建立健全兽医社会化服务政策体系，计划在2020年底前实现所有乡镇兽医社会化服务组织全覆盖。

（六）在信息化建设方面

浙江省全面梳理畜牧兽医系统为群众和企业办事清单，优化办事流程，依托浙江省智慧畜牧业云平台，大幅度精简申请材料，大幅度缩短了办结时间、提高了办事效能，扎实推进畜牧兽医“最多跑一次”改革。**湖北省**践行“互联网＋兽医”新理念，着力打造互联网兽药监管平台，进一步规范了兽药经营、使用和诊疗行为，实现了兽药的来源可查、去向可追、诊疗有据，成为全国首家手机兽药APP平台正式在全省应用的省份。

二、2019年各地延伸绩效管理特色工作综述

2019年，各地畜牧兽医部门认真学习贯彻习近平新时代中国特色社会主义思想，强化大局意识和使命担当，注重工作方式方法创新，着力打好非洲猪瘟防控攻坚战和持久战，统筹抓好其他重大动物疫病和重点人畜共患病防控，加快推进从养殖到屠宰全链条兽医卫生风险控制，为生猪生产加快恢复提供了有力的防疫保障，有效维护了畜牧业全产业链安全和公共卫生安全。

（一）狠抓非洲猪瘟常态化防控　推动各项措施落实落地落细

广东省有序推进中南区分区防控试点工作，从2019年11月30日起，禁止大区外生猪（种猪、仔猪除外）调入，标志着我国从“调猪”变“调肉”迈出历史性的坚实一步。

天津市组织实施非洲猪瘟防控能力提升系列行动，启动生猪规模养殖场"大场示范引领、中小场规范提升"生物安全条件强化提升行动，着力构建严密可靠的生物安全体系。**安徽省**动用省长预备费1 000万元，补助146家生猪屠宰企业开展非洲猪瘟检测费用和92家小型生猪屠宰企业购置仪器补贴，有效落实生猪屠宰企业非洲猪瘟自检制度，《人民日报》对此予以报道。**海南省**建立起以动物疫病预防控制中心为核心、海关和市场监管部门共同参与的非洲猪瘟第三方检测平台，19个市县兽医实验室均具备非洲猪瘟PCR检测能力。**新疆生产建设兵团**着力强化调运和屠宰环节非洲猪瘟检测，每周对所有备案运输车辆环境样品和屠宰场留存产品开展随机抽检，检测结果为阳性的，立即组织开展溯源调查和相关处置工作。

（二）提升养殖场生物安全水平　为生猪生产恢复保驾护航

浙江省开展生猪产业全链条严管"百场引领、千场提升"行动，安排资金1.83亿元，对1 022家养殖场进行改造提升，145家存栏5 000头以上规模猪场已全部实行非洲猪瘟自检。**福建省**以提升生猪养殖生物安全水平为核心任务，通过当地各级党委政府高位推动，着力推进养殖场完善消毒通道、出猪台、车辆洗消中心等关键设施，有力增强养殖场自身防疫能力，推动生猪产能加快恢复。**山西省**从加大经费投入、稳定机构队伍、完善设施设备、提升实验室检测能力等方面入手，全面提升防疫整体水平，为恢复生猪生产、扩大鸡牛羊养殖规模提供了坚实的防疫保障。**贵州省**在安顺市试点推动规模养殖场风险分级管理工作，将动物疫病风险因素分解为6大项、40小项，并依据评估结果，对养殖场实行高中低风险分级备案管理。

（三）加强动物防疫体系和能力建设　夯实基层工作基础

山东省委、省政府部署实施村级动物防疫员管理制度改革，通过公开选聘专业人员，实行"最低工资标准＋绩效"的薪酬管理模式，每10个行政村作为一个防控网络，推进重心下沉、末端激活，目前已有67个县（市、区）完成改革。**湖北**省政府印发《关于加强动物防疫体系和能力建设的意见》，明确了人员配备、硬件配置、物资储备等标准，提出了重大动物疫病防控责任"三落实"、疫情处置"三个不放过"、经费保障"三个不低于"等具体要求，为动物防疫体系建设提供了有力的政策支持。**江西省**坚持"解决人的问题为首要问题"，省政府出台意见建立健全省、市、县三级动物防疫机构，定向培养招录大专毕业生600多名作为基层动物防疫员，并在43个县推行兽医社会化服务。**宁夏回族自治区**坚持把全面提升兽医体系效能作为核心任务，机构改革后，基本维持了纵向贯通、横向衔接的监管和技术服务体系，在全区96%的乡镇设置畜牧兽医服务机构，还培育了136个兽医社会化服务组织。**湖南省**加快推进病死畜禽无害化处理体系建设，已建成29个病死畜禽无害化处理中心、88个收集储存转运中心，配备定位运输车辆261台，实现了收集、转运、贮存、处理全过程监管无缝对接。**甘肃省**着力加强基层动物防疫人员培训工作，全省共选派优秀师资264人组成88个工作组，先后举办培训班188期，累计培训了乡镇畜牧兽医技术人员 3 550 人、村级防疫员 5 151 人，实现了基层防疫人员培训全覆盖。

（四）聚焦重点人畜共患病防控　保障公共卫生安全

内蒙古自治区对布鲁氏菌病疫点建档立卡，实行一点一档、一畜一案、重点防控，畜间阳性率比 2011 年下降 82%，疫点数减少 90%以上，50%以上旗县达到控制区水平。**西藏自治区**组织开展畜间包虫病防治攻坚行动，控制了畜间包虫病的传播和流行，阻断了由畜向人的传播途径，为全区包虫病综合防治工作打下坚实基础。**青海省**从强化意识、健全机制、完善措施入手，突出落实“七抓七推”要求，着力加强畜间包虫病防治，犬粪棘球绦虫抗原阳性率、牛包虫感染率、羊包虫感染率与 2016 年全面开展防治工作之初相比均显著下降。

（五）强化动物疫病净化和消灭　做好疫病源头控制

上海市开展崇明奶牛“两病”区域净化示范区建设，建立了风险评估分级标准体系，成乳牛年单产增长 14.21%，繁殖率增长 5.8%，基本形成了一套可推广的奶牛“两病”净化模式。**河南省**全面推进种畜禽场净化，认真落实项目支持、“红黑榜”公示、行政许可、处置跟踪、奶牛布鲁氏菌病净化普查五项制度，国家级及省级的动物疫病净化示范场和创建场的数量居全国第一。**四川省**在广元市积极探索以整市为单位的净化试点工作，聚焦引进畜、种公畜和繁殖母畜，强化路径、技术和要素保障，严格移动、落地和日常监管，实现了重点流行指标全面下降和病原污染面稳定控制的目标。**新疆维吾尔自治区**将马传贫消灭工作作为一项重大政治任务，采取精准动态分区、快速监测、分群隔离、及时扑杀阳性马匹、严禁马匹跨区移动等综合防控措施，推动巴州和静县马传贫检疫净化工作取得实质性进展。

（六）加强动物卫生监督和屠宰行业监管　更好形成防控合力

北京市依托畜牧兽医综合执法网络智能指挥系统，对养殖场户、承运人和屠宰企业开展“事前、事中、事后”全方位监管，积极探索外埠进京动物和动物产品闭环管理模式。**云南省**重拳出击，打掉了一个号称“征两广、战两湖、扫平大西南”的全国性“炒猪”团伙，查扣涉嫌违法违规调运生猪车辆 147 辆、生猪 11 580 头，有力打击了犯罪分子的嚣张气焰。**河北省**不断完善病死猪无害化处理与保险联动机制，扩大育肥猪保险实施范围，推动将 15 千克以下的病死猪纳入理赔范围，实现病死猪无害化处理、保险理赔全覆盖。**江苏省**大力推进生猪屠宰标准化建设，省财政拿出 1.4 亿奖补资金，关闭不合格生猪屠宰场（点）848 家，淘汰落后生猪屠宰产能近 2 000 万头，屠宰产能综合利用率和企业赢利率实现双提升，6 家企业进入全国屠宰量 50 强。**重庆市**全面清理审核屠宰资格条件，屠宰企业由清理前的 472 家减少至 149 家，屠宰环节“两项制度”全面落实，所有屠宰企业均按要求开展非洲猪瘟 PCR 检测。**陕西省**深入推进生猪屠宰标准化创建工作，狠抓基本条件、建设与环境、设施和设备、屠宰工艺、检疫检验、质量控制、产品质量、产品贮运8个关键环节，引导企业升级改造，持续深入推进技术和管理双提升标准化创建。

（七）利用信息化手段破解难题　让数据真正给监管赋能

广西壮族自治区研发了动物检疫安全溯源、病死畜禽无害化处理监管、生猪运输车辆管理、广西动监e通4个信息管理系统，着力打造“智慧动监”，有效提升动物卫生监督效率。**黑龙江省**创建覆盖全省的“第三方实验室＋疫控系统”动物疫病监测网络平台，将各类防疫信息数据实时录入动物防疫数据库，及时有效掌握各类应免动物分布、疫苗使用、动物疫病防控及疫情信息等情况，并运用现代信息技术实现智能化的实时监测预警。**吉林省**建设96605微信公众平台，累计解答疫病防控、养殖技术、价格行情、政策咨询等各类畜牧兽医问题7 500余件，发布各类原创文章482篇、相关信息2 700余篇，整理发布典型病例216个，组织录制发布各类原创微视频96个、工作宣传片11个，关注用户近3万人。**辽宁省**投入2.5亿元建成了集业务管理、远程视频监控、GPS定位、移动智能终端4个系统于一体的动物卫生监管追溯平台，将场所备案、管理记录、养殖档案、检疫申报、票证发放、跨省查验6项关键业务均与电子出证关联，实现了动物卫生管理工作网络化全覆盖。

第二章　典型案例篇 02

第一节

狠抓非洲猪瘟防控

- 广东省
- 天津市
- 安徽省
- 海南省
- 新疆生产建设兵团

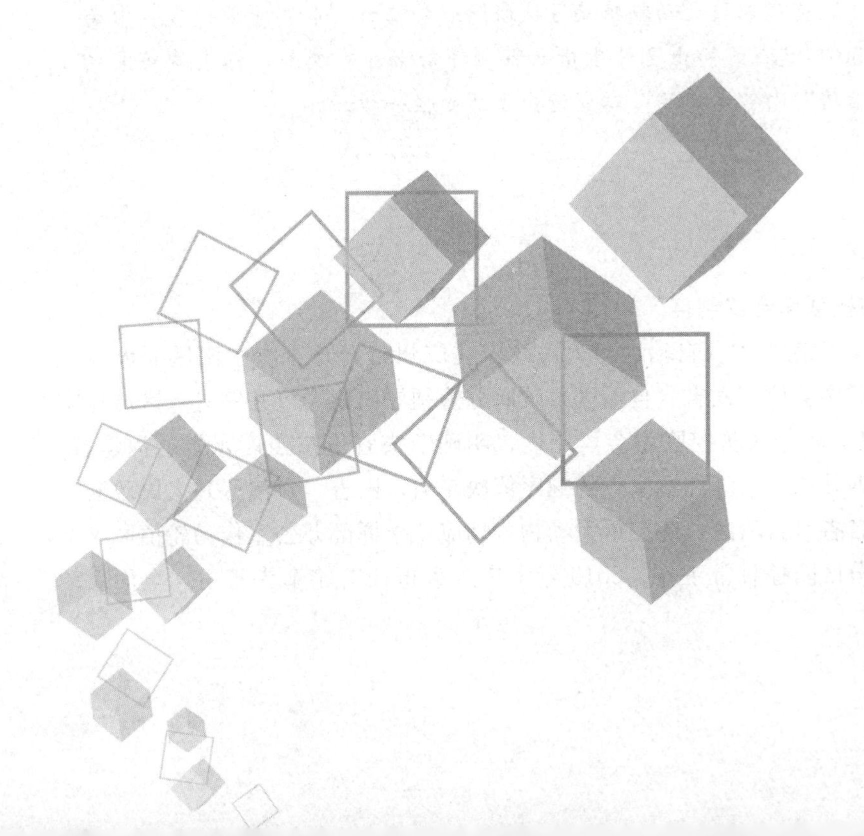

先行先试　广东省牵头开展中南区非洲猪瘟等重大动物疫病区域化防控试点取得重大突破

▶摘要

为贯彻落实胡春华副总理2019年1月在广州市主持召开的中南六省（自治区）非洲猪瘟防控工作座谈会精神和农业农村部部署要求，2019年，广东省作为首轮牵头省份，会同福建、江西、湖南、广西和海南五省（自治区）先行先试，创设了区域化防控工作机制，构建了非洲猪瘟疫情区域协同处置、监测、信息化监管等技术规范体系，推动了生猪流通方式从“调猪”向“运肉”转变，区域产业布局优化调整势头初步显现，供需形势基本平稳，分区防控试点工作取得阶段性成效。其中从2019年11月30日起，中南区正式禁止区外生猪（种、仔猪，点对点调运除外）调入，计划从2020年11月30日起禁止区内生猪（种猪、仔猪除外）跨省流通。广东省委、省政府高度重视非洲猪瘟等重大动物疫病分区防控试点工作。省委书记李希、省长马兴瑞分别主持召开省委常委会和省政府常务会议专题研究部署，省委常委叶贞琴多次召开专题工作会议并亲自审定相关文件。在农业农村部支持指导下，广东省会同福建、江西、湖南、广西和海南等五省（自治区）按照边推进、边探索、边完善思路，积极开展非洲猪瘟等重大动物疫病区域联防联控工作，取得重要进展。中南区从2019年11月30日起正式停止区外生猪（种、仔猪除外）调入，标志着我国生猪流通方式从“调活猪”向“运肉品”转变迈出了历史性一步。

一、主要做法

（一）建立分区防控联席会议制度

2019年3月6日，中南六省（自治区）人民政府在广州市召开首次中南区非洲猪瘟等重大动物疫病防控联席会议，六省（自治区）政府分管领导出席会议并签订《区域化防控框架合作协议》，建立起分区防控联席会议制度，明确牵头省份按照广东省、福建省、江西省、湖南省、广西壮族自治区和海南省的顺序依次轮值，由省（自治区）人民政府分管领导担任召集人，各省（自治区）防控重大动物疫病应急指挥部办公室作为轮值联席会议办公室，具体承担分区防控日常工作。2019年由广东省担任首轮牵头省份，全面启动分区防控试点工作。

（二）出台分区防控实施方案

广东省农业农村厅牵头制定了《中南区非洲猪瘟等重大动物疫病区域化防控方案》（以下简称《方案》），经六省（自治区）人民政府一致同意，于2019年6月6日由六省（自治区）防控重大动物疫病指挥部联合印发实施。《方案》以实现区域内非洲猪瘟等重大动物疫病稳定控制，确保生猪和生猪产品基本满足自给为目标，明确了生猪疫病区域化联防联控、规范生猪和生猪产品调运秩序、推动生猪养殖和屠宰产业转型升级高质量发展等三大主要任务，率先提出了在全国开展“调猪”变“运肉”等重大政策突破试点的时间表和路线图。

2019年6月农业农村部畜牧兽医局局长杨振海（前排右四）
到广东省调研中南区分区防控工作

（三）建立区域协同工作机制

为加大分区防控工作协调和推进力度，广东省农业农村厅成立了中南区非洲猪瘟分区防控联席会议办公室，建立了分区防控议事协调机构，印发了联席会议议事规则，以简报的形式通报分区防控和各省（自治区）生猪生产、调运等情况，实现区域信息共享。一年来，中南区编印简报14期，以中南区联席会议名义印发文件15份，召开联席会议办公室会议2次，推动落实重大试点政策1项。

（四）强化区域防控技术支撑

一是建立起中南区非洲猪瘟防控区域专家库，召开专家会议研究区域风险评估预警机制等；起草印发《中南区畜禽运输车辆的标准化消毒工作指引》和《中南区规模养殖场生物安全风险评估指引》等。二是组建由中国动物疫病预防控制中心、中国动物卫生与流行病学中心、全国畜牧总站领导专家参加的中南区非洲猪瘟等重大动物疫病防控专家委员会。三是举办中南区非洲猪瘟检测技术培训班，对中南区检测技术人员近200人进行了专题培训。

（五）强化共享共建形成防控合力

一是海南省发生非洲猪瘟疫情后，中南区联席会议办公室紧急下发了《关于加强中南区区域联防联控的通知》，要求各省（自治区）强化共同应对，落实联防联控有关措施。二是印发《中南区非洲猪瘟等动物疫病环境监测工作指引》，规范中南区生猪屠宰场、生猪运输车辆、无害化处理场和农贸市场四类场所环境样本的检测方法、检测程序和检测标准。三是发布区域非洲猪瘟检测实验室名单，整合区域检测资源，提升检测工作效能。四是依托联席会议和专家资源，开展风险评估、风险交流，发布监测预警信息，明确防控重点，及时调整和优化分区防控策略。五是按照科学规划、合理布局、监督有力、管理可行的原则研究制定《中南区公路动物卫生监督检查站设置规划》。六是举办中南区生猪产销对接促进会，中南区生猪养殖、屠宰、加工、饲料兽药、冷链物流、仓储企业代表近200多人参加对接会，构建产销对接平台。

（六）探索生猪省际“点对点”调运全程监管

广西壮族自治区博白县发生非洲猪瘟疫情后，鉴于当时国家政策是某个省份发生疫情后，生猪不得跨省外调，广西壮族自治区生猪压栏现象严重。广东省充分发扬先行先试的探索精神，将中南区作为一个整体区域考虑，经请示农业农村部同意，探索建立省际生猪“点对点”调运模式。同时在中南区工作组的指导下，推动运行了“中南运猪通”APP，通过对广西壮族自治区温氏养殖场产地检疫、备案车辆运输全程卫星定位、省际指定道口检查站查验、指定定点屠宰场接受的生猪“点对点”调运全程监管模式，为推动生猪调运全程监管探索了经验。

（七）推动我国“调猪”为“运肉”迈出历史性步伐

为变革长距离活猪调运模式，降低动物疫病跨区域传播风险，构建区域防控新思路，中南区坚定不移地探索推动“调猪”变“运肉”这关键一招。一是强化制度设计。考虑到“调猪”变“运肉”这一措施突破了现有法规规定，关系到养殖、屠宰、冷链等行业重构升级和从业人员的切身利益，由各省（自治区）分别走规范性文件审查程序很难一致性通过。在制订《方案》时就明确“经农业农村部同意，开展‘调猪’变‘运肉’试点工作”，同时明确了六省（自治区）一致实行动物及动物产品指定道口制度、生猪及其产品一律实施“点对点”调运、提升产区屠宰能力，实现就近屠宰冷链运肉等配套性制度措施。二是积极寻求农业农村部的支持。《方案》一出台，广东省就积极着手向农业农村部汇报并请示推进试点措施，并在按计划实施“调猪”变“运肉”措施的同时，采取非中南区生猪“点对点”调运中南区的措施，解决因非洲猪瘟疫情影响下生猪产能严重下滑而带来的稳产保供问题。三是提早谋划六省（自治区）一致化行动。2019年8月初，农业农村部批复同意中南区开展活猪调运试点后，中南六省（自治区）强力合作，一致推动试点措施落地落实。6个省（自治区）一致实行了动物及动物产品指定道口制度。2019年10月29日，六省（自治区）提前1个月联合发布《关于中南区试点实施活猪调运有关措施的通知》和《关于中南区试点实施活猪调运有关措施的函》，并加大宣传力度，向中南区相关单位、从业人员发出《中南区活猪调运政策告知书》，使社会尽早知晓相关政策，做好政策实施准备。

二、取得成效

一是创设了区域化防控工作机制，构建了非洲猪瘟疫情区域协同处置、监测、信息化监管等技术规范体系，推进了区域非洲猪瘟联防联控，因调运发生疫病传播风险减少，中南区非洲猪瘟疫情数量明显减少，推动了非洲猪瘟疫情从有效控制向区域净化逐步转变。二是“调猪”变“运肉”政策实施以来，中南区生猪产品供需“内循环”基本形成，产销关系完成重构；中南区调入生猪数量明显减少，调入猪肉的数量明显增长；供给中国香港、中国澳门的生猪数量稳定、质量安全。三是中南区生猪平均收购价格和白条肉平均出厂价格与全国平均水平走势一致，未出现明显价格波动，供给平衡。四是“四个转型”稳步推进。区域内呈现出生猪产业布局调整优化、生猪养殖积极复产、生猪屠宰产能向生猪主产区逐步转移的良好势头。这些都说明“调猪”变“运肉”试点措施是可行的，达到甚至超过了预期目标，应坚定不移地持续推进。

（广东省农业农村厅供稿）

天津市“大场示范引领　中小场规范提升”严把生物安全措施　有效防控非洲猪瘟

▶摘要

通过提升生猪养殖场户生物安全防控措施来防控非洲猪瘟等重大动物疫病，是国内外通行的做法。天津市坚持“专家队伍促服务，六个提升促强化，示范宣传促引领”原则，深入推进生猪规模养殖场户“大场示范引领，中小场规范提升”活动，指导服务生猪规模养殖场户在动物防疫区域布局、设施设备、管理制度提升上下功夫、上水平，进一步强化了生物安全防控体系。通过活动，生猪养猪场户增强了生物安全防控意识、掌握了生物安全防控手段、防控了非洲猪瘟等重大动物疫病，享受到了严密生物安全防控措施带来的养殖效益。

一、“一对一”专业化技术服务

（一）组建市级专家服务团队，提供优质精准技术保障。天津市农业农村委从市农业发展服务中心、市动物疫病预防控制中心、市畜牧兽医研究所以及天津大学、天津农学院、天津生猪技术产业服务团队等单位遴选50名专家和业务骨干，组建了一支“高、精、尖”的专家技术服务团队。专家团队根据国家非洲猪瘟防控要求和天津本地实际，专门编写了《天津市猪场生物安全防控技术指南》，帮助指导养猪场户开展生物安全提升行动。

（二）分类指导，对大型养殖场坚持“一场一策”。对30个年出栏10 000头以上生猪的规模养殖场，专家团队实施“点对点”服务，按照“一场一策”原则制订生物安全体系改进提升方案，着力打造高水平生物安全示范场，发挥示范引领作用。帮助8 344个中小规模养猪场和散养户开展生物安全风险隐患排查指导和服务，组织防疫技术人员定点服务，通过培训、示范学习、日常指导，指导企业规范生物安全条件，提升养殖场（户）生物安全水平。

二、“六个提升”生物安全防控

（一）综合评估硬件条件，提升完善动物防疫设施设备。一是提升防控条件。综合评估200家生猪养殖场及周边自然屏障、人工屏障、生物安全环境、水源污染风险和周边道路等因素，查找漏洞、优化措施。二是提升生产布局。综合评估生产模式、功能区布局、净道和污道设置，消除交叉污染等风险隐患。三是提升设施设备。综合评估车辆洗消站点、中转站、中转车、烘干机、供料系统等设备性能以及解剖室、实验室等设施功能，对设施设备缺乏、简陋、老化的及时提升完善。

（二）综合评估软件管理，提升完善企业生物安全管理。一是提升责任管理。压实防疫责任体系、明晰岗位责任、严密防疫链条，专项行动期间，累计开展各类宣传培训5 902次，培训人员12.48万人次，切实做到人人懂、人人抓、人人防。二是提升进出管理。严格外来人员进场，严密生活区、生产区管控，禁止高风险人员进入猪场，禁止未经岗位培训和考核不合格员工进入生产区。三是提升猪群管理。严格引种前隔离消毒和空舍、种猪采购运输、种猪进入隔离场等流程管理，全面推进“先进先出”。四是提升物料管理。严格饲料、兽药、食材以及设备、用具、生活用品、其他物资等进场规程，严格清洗消毒措施，消除病原微生物传播隐患。五是提升车辆管理。严格运猪车、中转车、物料车、饲料罐装车、病猪转运车等车辆管理，严格清洗消毒，防止交叉污染。严格业务车辆、私家车等场外车辆进入原则，规范做好清洗消毒，禁止进入生产区和生产单位。六是提升风险管控。定期对生活区、生产区等场区内环境以及场外周边环境进行病原微生物风险监测，根据检测结果做好风险防控措施。

（三）加强软硬件建设，提升清洗消毒管理。一是提升清洗消毒能力。建设2家生猪运输车辆洗消中心，通过先建后补方式，支持养殖场建立生猪运输车辆清洗消毒中心，指导建立“清洗＋消毒＋烘干”的洗消模式，着力加强对生猪运输车辆清洗消毒能力。二是提升清洗消毒覆盖面。对来往车辆、人员和物品实施全面消毒，未经清洗消毒不得进入生产区。实施全进全出管理，严格做好空栏消毒，确保洗消效果。加强日常消毒管理，定期对圈舍、饲喂通道、周围环境、工具、运动场、道路进行清扫消毒。专项行动期间累计发放各类消毒药品15.25吨，消毒点位53.52万个次。三是提升完善清洗消毒方式方法。选择具有穿透力强、消毒灭菌效果好、作用持久等特点的消毒药，全面推行“消毒药喷洒浸润—彻底清理清洗—全面消毒”的做法，并定期轮换使用。

（四）加强场外场内管控，提升风险动物防控管理能力。一是提升外围防控管理。通过铺设石子隔离带、设置防疫沟、定期清除杂草等措施，防止蜱、老鼠、蚊蝇、猫、鸟等进入。二是加强场内防控管理。通过清理杂草杂物、禁止场内种树、通风排水口等加装隔离铁丝网、捕蝇灭蚊等措施，防止场内出现蜱、老鼠、蚊蝇、猫、鸟等传播动物疫情。

（五）加强病死猪和废弃物管理，提升病原管控能力。一是严格病猪和病死猪管理。规范做好病猪诊治和隔离，严格病死猪无害化处理，防止疫病传播。二是严格废弃物管理。采取好氧堆肥、固液分离、厌氧发酵等措施做好粪便无害化处理，通过采取就近消纳、种养结合等模式做好粪污消纳。

（六）健全完善应急预案，提升完善应急处置能力。进一步明确疫病诊断、隔离、报告、处置、无害化处理等措施，并加强员工培训和应急演练。一旦发现疫病，严格按照预案规定做好相关工作，并及时向所在地农业农村部门报告。

三、“五项”常态化防控紧抓不放松

坚持一手抓“大场示范引领，中小场提升”，一手抓非洲猪瘟常态化防控。一是严密养殖环节“密闭式”管理。严格生猪饲养管理，严格包村包片包场网格化疫情排查，天津市10个涉农区建立了由2 872名乡镇、村干部包保137个镇（乡、街道）、2 227个有养殖村8 374家生猪养殖场户的网格化监督管理体系。严格非洲猪瘟入场抽样检测，专项行动期间，累计开展入场检测非洲猪瘟病原学样品1 771份。二是打造运输环节“管道式”防控。规范开展生猪出栏检疫，强化生猪收购贩运管理，高质量开展违法违规调运生猪“百日专项打击”行动，设立86个检查站点，检查生猪运输车辆6 572辆次，检查生猪5.25万头，立案3起，查获违规调运生猪71头。三是强化屠宰环节“终端防控”机制。从严落实“两项制度”，从严开展清洗消毒，从严开展生猪屠宰飞行检测。四是加强日常防疫监管和指导。全面落实生猪养殖场（户）非洲猪瘟排查报告员要求，设立包保责任制公示，在每个养殖场门口悬挂公示牌，明示包片乡镇政府副书记副镇长、包场村委支部书记、防疫员和疫情举报电话。指导做好封闭饲养，规范实施卫生消毒，杜绝餐厨剩余物饲喂生猪。五是强化补栏复养指导。对有补栏复养愿望的，指导饲养场所做好引猪前清洗消毒、防疫制度完善、健全生物安全设施设备和人员培训教育、应急预案制定等准备，消除一切风险隐患。对完成补栏和复养的，安排专人点对点盯防，严防非洲猪瘟疫情的发生和蔓延。

2020年7月天津市蓟州区推进生猪规模养殖场（户）
“大场示范引领，中小场规范提升”活动

通过实施“大场示范引领，中小场规范提升”行动：一是促进了规模养殖场的高质量发展，大型生猪规模养殖场通过100余万元投入，增设了洗消站点、中转车，完善隔离带、圈舍等，提升了防病能力，减少了用药成本，降低了发病率和死淘率，养殖效益提升10%～20%；二是促进了中小养殖户的科学化管理，中小生猪养殖场户提升生物安全防控意识的同时，关键是掌握了防控手段，进一步严格了人员进出、清洗消毒、环境卫生的管理，保住了自家“钱袋子”；三是促进了动物防控能力整体提升。通过“宣传、示范、引领，见效益”，生物安全防控意识深入养殖场户心底，生物安全防控手段得到显著提升，在动物疫病常规防控手段紧抓不放的基础上，必将全面提升动物疫病整体防控能力。

（天津市农业农村委员会供稿）

出实招　求实效　安徽省扎实推进生猪屠宰监管工作

▶摘要

2019年是生猪屠宰监管工作的关键一年，安徽省坚持非洲猪瘟防控和屠宰监管两手抓，一手抓屠宰环节阻断非洲猪瘟疫情的传播，起到“阻断器”的功能；一手抓保持合理的屠宰数量和库存，满足市场的需要，发挥“稳定器”的作用。通过精心组织，出实招、求实效，扎实推进生猪屠宰监管工作，取得了阶段性成效。生猪屠宰环节“两项制度”落实到位，屠宰行业转型升级稳步推进，屠宰标准化示范创建有序推动，屠宰领域专项整治成效显著。

一、生猪屠宰环节“两项制度”落实到位

一是启动及时。2019年4月，农业农村部提出在生猪定点屠宰企业推进实施驻场官方兽医和非洲猪瘟自检“两项制度”，省农业农村厅及时印发通知，部署推进“两项制度”百日行动，明确任务，明晰路线图和时间表。二是高位推进。以送阅材料（专报）或报告形式，及时向省政府报告全省生猪屠宰企业有关情况。省长、常务副省长和分管副省长先后多次作出批示，要求加大“两项制度”落实力度，确保100%完成任务。同时，动用省长预备费1 000万元，补助全部146家生猪屠宰企业开展非洲猪瘟检测费用和其中92家小型生猪屠宰企业购置仪器补贴，《人民日报》2019年11月25日2版对此予以报道。三是强力调度。安徽省农业农村厅印发专项行动工作方案，成立领导小组，实行工作进展周调度。5月17日召开全省落实屠宰环节“两项制度”百日行动推进会，要求“两项制度”进展慢的市作表态性发言。6月26日，再次向进度落后的4个市市政府发函，要求在7月1日前必须100%完成任务。四是联合督查。4月，安徽省农业农村厅联合省公安厅、省市场监管局，对“两项制度”建设开展督查调研，进一步推动工作落实。截至5月13日，屠宰环节官方兽医派驻制度按规定配备标准全部落实到位，共派驻官方兽医685人。截至6月28日，全省生猪定点屠宰企业按规定时限全面开展非洲猪瘟自检。

二、生猪屠宰行业转型升级稳步推进

一是优化生猪屠宰厂（场）布局规划、压点升级。按照“科学布局、相对集中、

2019年5月安徽省农业农村厅召开落实屠宰环节"两项制度"
百日行动暨促进生猪生产保障市场供应工作推进会

提高标准、压点升级、整合资源"的原则，根据生猪出栏量和市场供应量，优化生猪屠宰场规划布局，每个县（市、区）可建设1家3A级及以上标准生猪定点屠宰厂（场），年出栏超过30万头的县（市、区）可依据产业化发展的需要增设1家。新建和改扩建生猪屠宰厂（场）建设要符合城乡建设总体规划、环境保护要求、动物防疫条件，依法取得生猪定点屠宰证、动物防疫条件合格证和排污许可证。对目前乡镇设点较多的县（市、区），由县级人民政府通过压点升级、整合资源，推进县级生猪定点屠宰厂（场）与现有乡镇屠宰点的重组，加强管理，提高标准。全省摸排登记的427家生猪定点屠宰厂（场），通过生猪屠宰资格审核清理，关闭无屠宰证违规屠宰企业116家，关停排污不达标企业36家，压减乡镇小型屠宰场点92家，重组经营不善的屠宰企业29家，经农业农村部公布确认146家（后又关闭9家），现有137家，仍有9家企业正在整改。二是推行养殖业"规模养殖、集中屠宰、冷链运输、冰鲜上市"。为推进养殖业转型升级健康发展，安徽省政府将养殖业"规模养殖、集中屠宰、冷链运输、冰鲜上市"十六字方针列入省政府重点工作并每月督办调度。安徽省农业农村厅印发《安徽省贯彻落实"十六字"方针　深入推进畜牧业转型升级工作指南》，提出了标准要求、目标任务、主要措施，并努力推进畜禽"养宰运销"产业化发展、一体化经营。

三、生猪屠宰标准化示范创建有序推动

根据农业农村部示范创建工作要求，在全省广泛开展"质量管理制度化、厂区环境整洁化、设施设备标准化、生产经营规模化、检测检验科学化、排放处理无害化"的"六化"创建工作。为推进工作开展，安徽省举办生猪屠宰标准化示范创建及监管培训班，有针对性地对非洲猪瘟自检、生猪屠宰标准化创建等方面进行了培训，同时邀请有关屠宰标准化示范创建企业进行经验介绍。通过创建，补缺补差，完善功能。截至目前，生猪屠宰标准化建设工作进展顺利，全省有阜阳市的安徽福润肉类加工有限公司、宿州市的宿州福

润肉类食品有限公司、铜陵市的铜陵市润知味食品有限公司、芜湖市的芜湖双汇食品有限公司、安庆市的桐城市雨润肉类加工有限公司5市5家生猪定点屠宰企业经过企业申请、市县初验、省级核验，并推荐上报参评国家级生猪屠宰标准化示范厂（场），其中2家正式公布，1家正在全国公示，2家已整改并上报。

四、生猪屠宰领域专项整治成效显著

一是组织联合专项治理行动。2018年12月至2019年5月，省农业农村厅、省公安厅、省市场监管局印发《关于开展打击私屠滥宰防控非洲猪瘟　保障生猪产品质量安全专项治理行动的通知》，对全省范围内规模养殖场、屠宰场、运输流通环节的猪、牛、羊及产品的非法添加进行全面排查和联合执法。专项治理行动开展以来，全省共开展监督执法9 413次，出动执法人员20 359人次，开展各部门联合执法915次，监督检查生猪屠宰厂（场）3 002场次，查处屠宰环节违法案件39件，捣毁私屠滥宰窝点96个。二是开展整治食品安全问题联合行动。中央纪委国家监委机关在“不忘初心、牢记使命”主题教育中，把食品安全问题作为漠视侵害群众利益的14项突出问题之一，提出食品安全问题专项整治要求。2019年9月23日，安徽省市场监管局、省公安厅、省教育厅、省农业农村厅印发《关于在“不忘初心、牢记使命”主题教育中深入开展整治食品安全问题联合行动的通知》，组成8个督查组，对各市县食品安全专项整治督查。三是开展扫黑除恶专项斗争。在扫黑除恶专项斗争中，省政府将生猪屠宰领域专项治理纳入全省扫黑除恶9个重点领域，进行专项整治并统筹推进。2019年7月29日，省农业农村厅印发《安徽省生猪屠宰领域专项治理方案的通知》，重点整治生猪屠宰企业证照不全，屠宰环节检疫检验不规范，存在注水、注药、注胶和屠宰病死猪等行业乱象和违法违规行为，摸排涉黑涉恶线索，打击违法犯罪，铲除黑恶势力。各地按照“有黑扫黑、有恶除恶、有乱治乱”的原则，认真组织排查，开展打防并举、专项治理，堵塞漏洞，对违法犯罪分子形成震慑。通过开展生猪屠宰领域专项治理，生猪屠宰场点进一步优化，监督执法取得阶段性成果，生猪屠宰“两项制度”全面落实，下一步将继续加强屠宰企业日常监管、强化监督检查、提升生猪屠宰标准化水平、构建部门联动工作机制、做好指导服务，进一步健全完善生猪屠宰领域监管工作长效机制。

（安徽省农业农村厅供稿）

海南省提升检测能力　打好非洲猪瘟防控攻坚战

▶**摘要**

海南省兽医体系在新一轮的机构改革后相对薄弱，兽医实验室检测能力有待提高，专业技术人员缺乏。特别是海南省首次发生非洲猪瘟疫情后，各市县实验室均不具备非洲猪瘟检测能力，所有任务都集中在省级疫控中心实验室，且没有授权开展非洲猪瘟检测的第三方实验室。为了健全动物防疫体系，提高防控动物疫病能力，海南省以非洲猪瘟防控为契机，在各级党委政府、各部门高度重视下，各市县开展实验室升级改造以及加强队伍建设。通过上下一致努力，全省 19 个市县（包括洋浦）实验室通过省级认证，部分市县壮大了人员队伍。

一、有关背景

海南省多年来没有报告发生重大动物疫病，这一方面容易滋生麻痹思想，另一方面也造成海南省动物防疫体系建设比较滞后。全省只有省动物疫病预防控制中心 1 个实验室具备非洲猪瘟检测能力，该中心仅有专业技术人员 17 人，其中高级兽医师 4 人、兽医师 2 人、助理兽医师 11 人，仅有专业检测仪器（PCR）3 台，尽管超负荷工作，但仍然无法满足实验检测需求。多数市县畜牧兽医部门人员结构老龄化，技能水平偏低，多数乡镇的动物防疫经费严重不足、设备陈旧。机构改革更加削弱了动物疫病防控体系，再加之突然暴发的非洲猪瘟疫情，全省防控体系薄弱的问题更加凸显。面对如此艰难的境遇，海南省着力解决基层动物防疫体系极其薄弱的问题，补齐配强基层动物防疫队伍，以适应严峻的非洲猪瘟防控形势。狠抓生猪生产工作，稳定市场猪肉价格和猪肉供应。

二、工作思路

打赢一场活猪保卫战，突出重点抓、抓重点；工作方法可概括为“一放”“两抓”。

“一放”，即根据实际情况，将非洲猪瘟检测权限下放市县，由省里作认证，提高检测效率。“两抓”，就是要抓重点，重点抓。一是抓重点，就是要把生猪环节管住。防控非洲猪瘟的根本目的是保证生猪产业健康发展。随着非洲猪瘟防控形势的变化，防控工作的重点要由打外围向打据点转变，要打一场活猪保卫战，活猪在哪里，阵地就在哪里，重点是保住种猪场和规模养殖场。二是重点抓，就是要压实养殖场（户）

海南省农业农村厅督导检查非洲猪瘟防控工作

的主体责任。养殖场（户）才是非洲猪瘟防控的主体和关键，有关部门设卡、消毒、无害化处理等防控工作都是辅助工作；如果养殖场（户）没有行动起来，其他工作都是治标不治本。要与养殖场（户）签订责任状，强化生物安全管理，禁止泔水喂猪，强化主体责任。

三、具体做法和成效

（一）提升市县兽医实验室检测能力。非洲猪瘟发生以前，各市县兽医实验室检测能力不足，专业技术人员缺乏，都不具备非洲猪瘟检测能力，所有检测任务都集中在省疫控中心实验室，且没有授权开展非洲猪瘟检测的第三方实验室。在各级党委政府、各部门高度重视下，以防控非洲猪瘟为契机，海南省农业农村厅制定《非洲猪瘟检测实验室技术要求》《非洲猪瘟检测实验室申请程序》，指导市县及第三方实验室根据要求升级实验室仪器设备，配备相应的实验室技术人员，制定相关管理制度，全力推动市县兽医实验室能力提升。

海南省 19 个市县（含洋浦经济开发区）兽医实验室和海口海关、省市场监管局下属 4 个部门实验室开展了非洲猪瘟病毒荧光 PCR 检测能力比对工作，并且通过比对认证，全部具备非洲猪瘟病毒检测能力并获得授权，不仅提升了全省非洲猪瘟检测能力，同时填补了海南省检测业务社会化服务的空白。

（二）加强畜牧兽医体系建设。自海南省建设无规定动物疫病区以来，动物防疫体系建设工作开始向法制化轨道迈进，保障了动物防疫和动物防疫监督依法行政，为在市场经济条件下做好动物防疫工作提供了有力的法律保障，也为落实依法行政创造了良好的外部环境。这次非洲猪瘟疫情暴露出动物防疫体系建设中薄弱环节。为了保障畜牧产业健康发展和巩固扩大无规定动物疫病区建设成果，服务全球动植物引进中转基地建设和国际旅游消费中心建设，助力自由贸易示范区和中国特色自由贸易港建设，海南省农业农村厅及时开展全省畜牧兽医体系建设情况专题调研，检视问题、查找短板，相关情况提请省政府专题会议研究，推动尽快解决人员不足、机构混乱、能力薄弱等问题，并宣传推广万宁市经验，健全市县、乡镇、行政村三级畜牧兽医体系。

（三）加强“两场”产能保护。为统筹做好种猪场和规模化猪场的产能保护，稳定生猪生产发展、保障肉品市场有效供给、维护社会稳定，海南省出台了《海南省防控非洲猪瘟指挥部办公室关于进一步加强规模化猪场和种猪场非洲猪瘟防控工作的通知》（琼非瘟防指办〔2019〕26 号），把“两场”摆在重中之重的位置，毫不松懈抓好防控工作，确保以最短的时间、最快的速度，切实保护好“两场”的生产安全。

（四）压实动物防疫主体责任。任何时候，防控动物疫病的责任主体永远是广大养殖场（户），是打赢生猪保卫战的主要力量。为切实压实动物防疫主体责任，严格督促养殖场（户）依法履行动物防疫义务，防止非洲猪瘟疫情蔓延和扩散，全省各市县与养殖场（户）签订非洲猪瘟防控承诺书，实现辖区养殖场（户）全覆盖，做到不漏一场一户。

（海南省农业农村厅供稿）

新疆生产建设兵团探索试点监管新模式 切实抓好动物疫病防控和稳产保供

▶**摘要**

2019年，在非洲猪瘟疫情的严峻形势下，新疆生产建设兵团第八师石河子市顺应改革大趋势，强化责任担当，充分利用信息化手段，提高监管效能，在全兵团率先全面依托“智慧畜牧”大平台，实现养殖档案的电子化、网络化管理，依托信息化手段，完善电子养殖档案，提高检疫出证率，强化畜禽调运监管，从源头抓好动物疫病防控。通过积极探索监管新模式，第八师作为全兵团生猪存出栏量最大的师市，努力克服人员少、地域范围广、畜禽存出栏量大等因素，切实抓好动物疫病防控、产地检疫、稳产保供等各项工作。2019年，在保证不发生重大动物疫病的同时，第八师石河子市也为兵团生猪稳产保供作出了积极贡献。2019年底，生猪存栏49.5万头，占全兵团14个师市的27.8%；出栏94.6万头，占全兵团的29.3%。

自国内非洲猪瘟疫情发生以来，新疆生产建设兵团党委、兵团高度重视非洲猪瘟防控工作，坚决贯彻党中央、国务院决策部署，自觉提高政治站位，坚持高位推动，按照农业农村部有关要求狠抓各项防控措施，坚决防止疫情扩散蔓延。2019年，非洲猪瘟防控工作取得阶段性成效，作为全兵团生猪存出栏量最大的师市，第八师石河子市按照部署要求在生猪养殖、运输、屠宰等环节扎实开展各项防控工作，严格落实产地检疫、运输车辆清洗消毒及备案、屠宰环节“两项制度”等各项防控措施。在抓好防控工作的同时，也将生猪生产作为重点工作，通过建设智慧畜牧平台，进一步提升监管效能，全面推动动物疫病防控等各项工作落实，保障了人民群众“舌尖上的安全”。

一、加强组织领导，明确责任分工

根据疫情防控要求，第八师石河子市成立师市重大动物疫病防控工作领导小组，由师市主要领导为组长，办公室设在师市农业农村局，成员由师市畜牧兽医工作站、动物卫生监督所组成，对师市辖区内各生猪养殖、运输、屠宰环节的监管，产地检疫、屠宰检疫、违规出证、隔山出证等行为的查处，生猪养殖场、屠宰场冷库的监督检查及违法进入辖区的生猪及产品的查处等各方面进行分工，进一步明确工作职责，将工作任务落实到个人，加强了监管力度，提高了监管效率。

二、加强联防联控，共同防控疫情

一是加强兵地交流，共抓疫情防控。第八师石河子市各团场与周边玛纳斯县、沙湾县各乡镇交叉在一起，距离较近，三地公路联通，为有效防控非洲猪瘟疫情，加强信息通报和安排部署，共同做好非洲猪瘟的防控工作，2019 年 3 月 23 日签订“沙、玛、石三地动物卫生监督机构联防、联控、联查合作协议书”。2019 年 9 月 29 日，第八师石河子市赴玛纳斯县、沙湾县与当地动物卫生监督所就非洲猪瘟疫情防控情况进行交流，并达成疫情防控共识，将进入三地的生猪及生猪产品进行排查，并定期互通排查等情况。二是加强部门协作，强化疫情防控。师市动物卫生监督所与第八师石河子市公安检查站签订“石河子市动物卫生监督执法合作协议书”，并根据协议书要求建立了长期合作协议，由石河子市双拥路公安检查站、玛河公安检查站、桃园公安检查站、花园公安检查站、北泉公安检查站对进入师市辖区的动物及动物产品进行查验。一经发现涉嫌未经检疫等违法行为，公安检查人员和动物卫生监督所执法人员将共同查处。

三、依托智慧畜牧平台，提升监管效能

一是借助智慧动监平台，扎实开展养殖场、屠宰场及动物诊疗场所的日常监管。进一步明确企业主体责任，师市与属地养殖、屠宰企业签订“三书”（责任书、告知书、承诺书），强化养殖者及经营者为第一责任人的责任意识。全面使用“智慧动监”模块，借助研发的“养殖场日常监管”“畜禽屠宰场日常监管”及“动物诊疗场所日常监管”手机 APP，实现精准化现场监督检查，随时了解监管对象存在问题的同时，及时下达整改意见，同时可进一步掌握监督人员到点监管情况，采取每周一调度、每月一汇总、每月一通报方式，督促各项措施的落实。全年师市、团场两级共开展动物疫病疫情监管 3 000 余次。二是利用信息化规范检疫证的发放，全面推行新版检疫证。2019 年，第八师石河子市和下属团场两级官方兽医全面应用了“石河子动物检疫票证管理系统”，实现了检疫票证的逐级发放，落实到人，票号可查，领用及注销实现网络化操作，使检疫证的管理及发放更科学有效。2019 年共发放检疫合格证明 10.35 万份，回收检疫合格证明 13.9 万份，全部通过信息平台网络实现逐级发放。三是全面实现新版检疫电子出证，加快推行关联出证。通过智慧畜牧平台动物检疫证明电子出证措施的推进，全师实现了产地检疫及屠宰检疫新版检疫证电子出证，并达到了规模养殖场免疫信息等与检疫申报信息关联出证的要求，杜绝了官方兽医违规出证的现象。2019 年共检疫动物 500 万头（只、羽），出具动物检疫合格证 1.96 万份；检疫动物产品 2.32 万吨，出具动物产品检疫合格证 13.5 万份。四是推行免疫信息上平台，全面完善电子养殖档案。为配合“智慧畜牧”平台的建设，减少养殖免疫信息的重复录入，防止免疫信息的丢失，实现养殖档案的电子化、网络化管理，师市动物卫生监督所采取与检疫申报信息关联，指导各养殖企业自行建立电子养殖档案，督导各规模养殖场通过平台及时上传其存栏数、免疫情况等相关信息，师市全年共完成 308 家规模养殖场的信息录入，上传 83.42 万头（只、羽）养殖动物信息，为师市智慧

畜牧平台建设及其他模块的推广应用提供了基础数据。

四、强化调运监管，抓好稳产保供工作

一是加强生猪运输车辆洗消及检测工作。第八师石河子市积极鼓励、引导养殖企业（合作社）、生猪屠宰企业建立高标准生猪运输车辆洗消中心，截至目前，在交通要道共建设联合洗消中心6个，生猪屠宰企业改建符合要求洗消场所4处，2个无害化处理场建设洗消场所2处。第八师石河子市动物疫病预防控制中心对辖区内的65辆生猪运输车辆进行非洲猪瘟环境样检测工作，未发现阳性环境样。二是严格做好生猪及生猪产品跨省调运工作。第八师石河子市作为兵团重要的生猪养殖基地，在本地供大于需的形势下，依靠外销才能充分调动生猪养殖的积极性，在农业农村部有关部署下，第八师石河子市制定了跨省调运生猪及生猪产品的相关要求，对符合调运要求的生猪养殖企业，采取靠前服务的方式，主动对接相关手续，加强落地监管，确保跨省调运既符合要求又快速便捷，解决企业出栏问题。2019年底，第八师石河子市生猪存栏49.5万头，占全兵团14个师市的27.8%；出栏94.6万头，占全兵团的29.3%，为兵团生猪稳产保供做出积极贡献。

2019年6月新疆生产建设兵团136团在检查车辆洗消中心运行情况

（新疆生产建设兵团农业农村局供稿）

第二节

提升养殖场生物安全水平

- 浙江省
- 福建省
- 山西省
- 贵州省

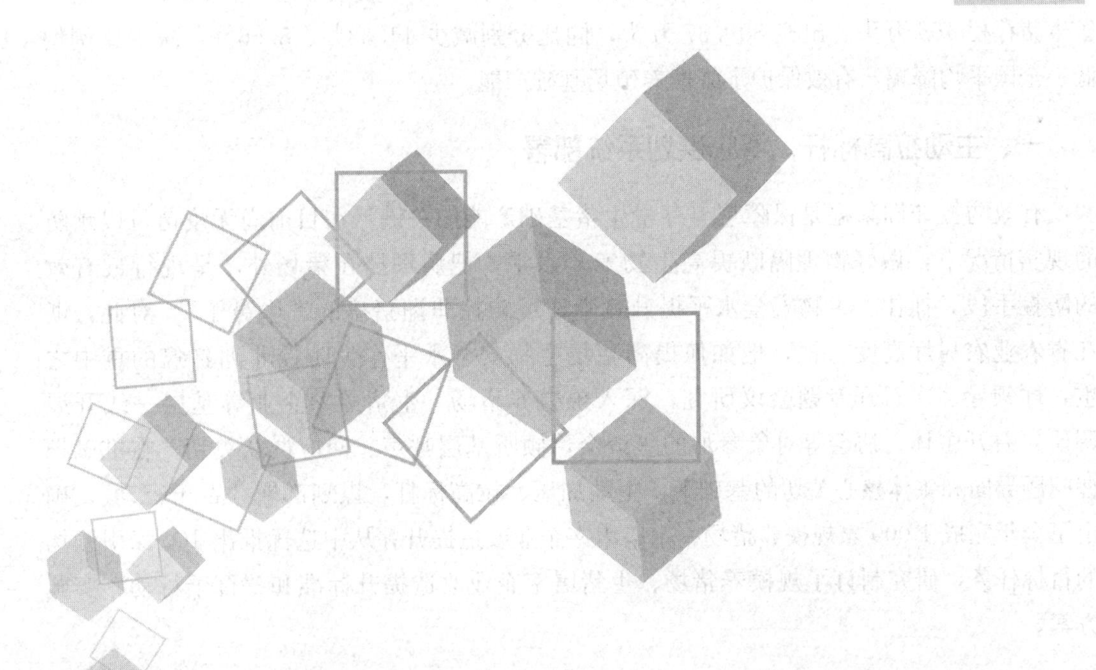

浙江省实施“百千行动” 夯实防疫基础
全力保护生猪增产保供

▶摘要

非洲猪瘟疫情发生以来，浙江省认真贯彻落实农业农村部决策部署，按照省委省政府“勇立潮头走在前列”的工作要求，立足省情，严密构筑“外堵内防”堡垒，狠抓生物安全措施到位。2019 年，为保障生猪基础产能安全，着力于提升规模养猪场、生猪屠宰企业等重点场所生物安全水平，在全省部署开展生猪产业全链条严管“百场引领、千场提升”行动，共完成 1 022 家企业主体改造提升，145 家存栏 5 000 头以上规模猪场全部实行非洲猪瘟自检。通过开展“百千行动”，进一步夯实了非洲猪瘟防控基础，有力保障了生猪基础产能安全。

自我国发生非洲猪瘟疫情以来，浙江省认真贯彻落实农业农村部有关非洲猪瘟防控的一系列决策部署，秉承浙江省“干在实处、走在前列、勇立潮头”精神，立足省情，强化属地管理、联防联控和主体责任落实，构筑“外堵内防”堡垒，狠抓生物安全措施到位。为全力阻击非洲猪瘟疫情，保障生猪基础产能安全，在全省部署开展了生猪产业全链条严管“百场引领、千场提升”行动（以下简称“百千行动”），成效显著。2019 年末，浙江省生猪存栏 466 万头、出栏 899.37 万头，同比分别减少 14.33%、8.56%，减少比例均低于全国平均降幅，有效保护了规模养殖场基础产能。

一、主动拉高标杆，精心谋划系统部署

有效防控非洲猪瘟是保障现有存量生猪基础产能的关键，在目前尚无疫苗可以预防的现实情况下，做好物理隔断提高生物安全水平，把病毒挡在猪场外，是现行最有效的防控手段，抓住了生物安全水平提升就牵住了防控非洲猪瘟的“牛鼻子”。对此，浙江省农业农村厅高度重视，把如何提高猪场生物安全水平作为防控非洲猪瘟的重中之重，厅领导多次召开专题会议研究，深入规模养猪场、生猪屠宰企业等基层一线开展调研，召开主体、协会等对象参加的座谈会，倾听基层呼声、回应群众关切，在准确把握问题导向和主体核心关切的基础上，主动加压、拉高标杆，谋划部署“百千行动”，确定了全年完成 1 000 家规模养猪场、生猪屠宰企业改造提升并从中选优推出 100 家引领场的目标任务，研究制订了规模养猪场、生猪屠宰企业改造提升标准和“百千行动”实施方案。

浙江省农业农村厅实地调研生猪智能养殖情况

二、夯实工作基础，摸清家底精准发力

为了解和掌握全省规模养猪场、生猪屠宰企业生物安全水平基本现状，科学研判全省非洲猪瘟防控形势和精准开展生物安全水平提升改造，在全省组织开展了规模养猪场和生猪屠宰企业生物安全水平摸底调查。按照非洲猪瘟防控基础需求设计了调查内容，经过充分讨论和征求基层管理部门及听取部分主体建议基础上，对调查内容调整优化后，下发了《关于开展规模养猪场、生猪屠宰企业生物安全基础情况调查的通知》，对物理隔离、清洗消毒等硬件设施配备情况开展了调查。调查收集了规模养猪场调查表 3 815 家，其中存栏 500 头（含）以上猪场 1 834 家，存栏 500 头以下猪场 1 981 家，全省有 2 491 家猪场存在生物安全基础设施不完备，其中综合评价较差的 1 735 家（存栏 500 头以上的有 692 家，500 头以下的有 1 043 家），提出改造提升计划的有 1 585 家；屠宰企业 158 家，其中正常运营的 131 家，已关停或暂停营业的 27 家，正常运营的 131 家企业中，需限期整改的 21 家。在此摸底调查基础上，精准发力，制订“一场一策”方案。

三、筑牢防疫根基，多措并举全力推进

为确保按期完成全年任务目标，采取了一系列扎实有效的工作举措，细化分解任务，明确时间节点，强化进度管理，认真组织实施，有力有序推进。

（一）行政综合推动。一是发文推动。3 月 29 日，省农业农村厅印发《关于开展生猪产业全链条严管“百场引领、千场提升”行动的通知》（浙农专发〔2019〕54 号）进行部署；6 月 26 日，省政府办公厅《关于进一步促进生猪生产保障市场供应的通知》（浙政办发〔2019〕44 号），提出全面提升生猪养殖场生物安全水平，明确年度任务；省畜牧农机中心

又分市下发《关于下达“百场引领、千场提升”任务的通知》（浙牧机发〔2019〕24号），对工作任务再细化，对时间节点再明确。全省共确定了1 008家规模养猪场和生猪屠宰企业列入“百千行动”，其中规模养猪场978家，生猪屠宰企业30家，同时要求各主体按照“缺什么补什么”的原则，制订“一场一策”改造提升方案并汇编成册，为年底各地区主管部门评估验收提供参考依据。二是经费推动。为支持“百千行动”实施，编制了“百千行动”专项预算，省财政安排1.5亿元专项经费补助，后期又从“美丽牧场”项目中调整出3 300万元，共计1.83亿元用于“百千行动”和生猪“增产保供”统筹使用。三是考核推动。省农业农村厅将“百千行动”列入部门重点工作考核评价内容，倒逼属地管理部门主动作为，压实责任。四是通报推动。每月通报各市工作进度，督促鞭策相对滞后的地市，加快工作进度。

（二）典型引领带动。为阻击非洲猪瘟，浙江省各地生产经营主体大胆探索，摸索出区域防控、县域防控、种猪场防控、商品场防控、协会自治防控等典型做法，美宝龙种猪场实施运猪车“三洗三消”、人员管控、物料统一配送、微信留痕等高标准生物安全措施，选编了《非洲猪瘟防控八例》并印发了7 000本，供各地借鉴参考；同时，编发省农业农村厅政务信息《动物防疫专题简报》4期，在全省推广，发挥典型引领和示范带动作用。农业农村部《畜牧兽医工作动态》第105期刊登了浙江省的部分典型做法。

（三）服务指导助动。组织各市、县农业农村局分管负责人等近170人参加非洲猪瘟防控巡回讲座，剪辑培训视频放在浙江农业农村微信公众号，供基层技术人员、养殖和屠宰等主体有关人员学习；积极探索安全养殖技术，举办生猪安全养殖师资培训班，开展生猪养殖场空栏情况摸底调查，挖掘复养成功案例，并组织制定了《规模养猪场恢复生产技术要点》；在“百千行动”实施过程中，各地主管部门成立技术指导组，并将技术指导与“三服务”活动结合起来，切实帮助主体解决实际问题和困难，全年累计开展规模养猪场、生猪屠宰企业生物安全培训11 696人次。

（四）及时组织验收。各县（市、区）农业农村局对照“一场一策”内容，对完成改造提升的场，适时组织评估验收。截至2019年底，全省共完成改造提升目标任务的规模养猪场和生猪屠宰企业共计1 022家，超额完成了全年目标任务，其中规模养猪场完成992家，超额完成14家，生猪屠宰企业完成既定目标任务30家。

通过实施“百千行动”，全省规模养猪场、生猪屠宰企业在管理制度、设施设备等软硬件上补齐了短板，堵住了漏洞、强化了弱项，新建或补建了围墙，净污分离并硬化场区道路，新建或改良了出猪台、病死猪低温暂存间，补添了消毒设备，优化了管理制度，严格人员、物料出入消毒管控，存栏5 000头以上规模养猪场增设非洲猪瘟检测实验室开展自检，重大动物疫病防控能力得到进一步改善，主体主动防疫意识大幅提高，生物安全水平获得阶段性提升；同时，在生猪运输环节，已建成并运行区域性洗消中心49家，拟（在）建区域性洗消中心18家，严把生猪运输车辆消毒关，拉紧织密了规模养猪场、生猪屠宰企业主体防控网，夯实非洲猪瘟防控基础，有力保障生猪基础产能安全，高效助力生猪增产保供工作。

（浙江省农业农村厅供稿）

福建省多措并举　创新驱动 全面提升养殖环节生物安全水平

▶摘要

健全完善养殖环节生物安全体系是当前防范非洲猪瘟、稳定生猪生产最关键、最有效的手段。福建省委、省政府高度重视非洲猪瘟防控工作，坚决贯彻党中央、国务院决策部署，严格按照农业农村部工作要求，全面落实各项有效防控措施，特别是2019年以来，坚持“三个创新”，实现“三大突破”，有力推进养殖环节生物安全水平的全面提升，切实筑牢“防火墙”，守住“生命线”，收到了良好成效。福建省非洲猪瘟等重大动物疫病得到稳定有效控制，生猪产能加速恢复，2020年底生猪存栏已恢复到2018年水平，市场供需可达总体平衡。

一、坚持方式创新，在落实责任上实现突破

紧紧围绕健全完善养殖环节生物安全体系这一目标，坚持在创新方式上下功夫，着力推动地方政府、有关部门和养殖企业各方责任落实，为生猪养殖生物安全水平全面提升打下坚实基础。

一是领导重视，高位推动。福建省委、省政府高度重视养殖场防疫能力建设，多次作出指示批示和研究部署。时任省委副书记、省长唐登杰在全省加强非洲猪瘟防控工作视频会议上强调，要督促落实好生物安全措施，切实切断非洲猪瘟的传播途径。李德金副省长亲自部署开展全省生猪养殖生物安全提升行动，要求各地政府统一组织，围绕“人、车、猪、肉、料”五个重点环节，推动提高养猪场防疫水平。

二是驻点督导，强力促动。2018年底抽调437名干部，组成87个督导组，对所有市、县（区）开展为期42天的驻点督导，直至全省疫情解除封锁。其中，省级由指挥部成员单位厅级干部带队督导各设区市，市级由处级干部带队督导各县（市、区）。同时，派出3个专家组开展明察暗访，排查重点场所、关键环节的防控漏洞。督导组每日反馈督查情况，要求当地政府举一反三，限期整改。省指挥部每日汇总督导组发现的问题，逐一登记，并报送省政府。督导期间，共计检查生猪养殖场1 777个，发现生物安全方面问题665个，截至2019年4月底，以上问题均已整改到位，有效堵塞了防控漏洞。

三是加强引导，自觉行动。切实抓好防控知识宣传和技术培训，组织兽医干部和动物防疫员3万余人次进村入户，加强政策解读，督促养殖者履行主体责任，升级防疫措施，积极探索适合本场实际的防控方法。一些规模猪场共建区域性洗消中心，对运猪车辆进行严格清洗、消毒、烘干，有效切断病毒传播途径。发动各级畜牧兽医学会、协会，充分利用其组织协调优势，带领养殖场户加强行业自律，提升防控能力、共同抵御风险，收到较好效果。

二、坚持措施创新，在疫病防控上实现突破

福建省积极探索，多措并举，着力推动养殖环节生物安全水平提升，有力增强生猪养殖场自身防范能力，促进非洲猪瘟等重大动物疫病稳定有效控制。2019年以来福建省未发生非洲猪瘟疫情，高致病性猪蓝耳病、猪圆环病毒病等常见病明显减少，2019年病死猪数量同比下降约20%，主要疫病阳性检出率大幅降低，生猪健康水平显著提升。农业农村部李金祥国家首席兽医师，农业农村部畜牧兽医局王功民副局长，中国动物疫病预防控制中心陈伟生主任、冯忠泽副主任先后来闽调研指导非洲猪瘟防控工作，均对福建省养殖环节生物安全提升工作给予充分肯定。中国动物疫病预防控制中心于2019年5月在南平市启动“非洲猪瘟区域综合防控技术示范与应用”课题，研究成果得到于康震副部长肯定性批示。

2019年1月福建省动物疫病防控专家指导生猪养殖场提升生物安全水平

一是加强指导培训，明方向。组织省内畜牧兽医专家共同研究，出台指导意见，从规划布局、防疫设施、防疫制度、主体责任等各个方面提出针对性意见和要求。两次举办全省视频讲座，对全省所有生猪养殖企业负责人进行培训，为不断完善生物安全体系建设指明方向。

二是开展专项行动，动真格。开展为期 5 个月的生猪养殖生物安全提升行动，明确总体目标、主要任务和保障措施，组织对所有生猪养殖场户开展生物安全评估，对评估结果不达标的限期整改，整改仍不达标的坚决关停，推动全面筑牢养殖环节防控屏障。

三是落实监测排查，除隐患。将县级兽医病原学检测基础设施建设纳入中长期动物疫病防治规划，由省财政安排资金建设，已有 51 个县完成建设并投入使用，计划 2020 年底实现所有重点县全覆盖。组织开展检测能力比对，授权合格的实验室开展病原学检测，为疫情排查提供技术支持。2019 年全省监测样品 38.05 万份，在冻肉产品中检出非洲猪瘟病毒核酸阳性 33 份，均已进行无害化处置。

四是创新调运监管，阻传播。调运政策上，在保障种猪和仔猪正常调运的基础上，2019 年初开始执行从外省“只调肉不调猪”政策，在省内实施出栏肥猪“点对点”跨市调运，积极推动由“调猪”向“调肉”转变，对降低疫情传播风险起到重要作用。监管手段上，坚决实施准调证明制度，从县境外调入生猪、猪肉产品的，调运人需事先向调入地动物卫生监督机构提出调运申请，经批准并取得准调证明后方可调入，变被动监管为主动监管。省际防堵上，设立 132 个省际动物防疫监督检查站点，覆盖福建省全部高速公路、国道、省道和乡村道路。设立 19 个指定通道，跨省调运生猪及其产品的车辆必须经指定通道道口检查站签章后方可进入。

五是强化清洗消毒，灭病原。坚持落实清洗消毒制度，组织开展全省消毒灭源集中行动、全省“大清洗、大消毒”专项行动，2019 年省级下拨消毒剂 70 吨，全省投入消毒剂 335.53 吨，消毒畜禽养殖场 7 826 个次，消毒面积 205.40 千米^2。

三、坚持政策创新，在生猪养殖复产上实现突破

以国家大力支持生猪稳产保供为契机，积极争取将养殖环节购置动物防疫设施设备纳入补助范围，着力支持养殖企业生物安全体系全面升级，有力提振了生猪养殖者投产复产的信心，促进了全省生猪产能加快恢复。2019 年 5 月 16 日，在全国促进生猪生产保障市场供应电视电话会议上，李德金副省长作了《着力“四个坚持”稳定生猪生产保障市场供给》典型经验交流。截至 2020 年 7 月底，全省生猪、能繁母猪存栏分别为 826.22 万头、83.95 万头，连续 11 个月实现增长，预计年底可如期完成存栏生猪 900 万头的目标任务。

在政府层面，福建省政府出台《稳定生猪生产保障市场供应十条措施》，明确对生猪运输车辆洗消中心采取先建后补方式给予补助，已落实补助金额达 1 420 万元。明确根据生猪养殖规模确定生产设施用地规模，取消附属设施用地现行上限 1 公顷的规定，有效保障生物安全设施的用地需求。

在部门层面，福建省农业农村厅等 15 家单位联合印发《关于促进生猪产业健康发展保障市场供给稳定九条措施的通知》，要求生猪养殖场于 2019 年 6 月底前完善车辆与人员消毒通道、出猪台等设施条件，鼓励生猪养殖相对集中区域建设运输车辆洗消中心，市、县级财政按一定比例给予补助。

在地方层面，泉州、厦门、福州等地根据当地实际情况出台扶持政策，对生猪养殖场

新建车辆洗消通道、采购洗消设备、建设生猪运输车辆洗消中心等进行补助。目前，福建省已建成生猪运输车辆洗消中心117个，所有规模猪场完成消毒通道、出猪台、隔离舍等关键设施改造，对防控非洲猪瘟、稳定生猪生产起到重要作用。

养殖环节生物安全水平的全面提升，也有力推动了生猪养殖业加快转型升级，促进了全省生猪产业高质量发展。福建省生猪养殖规模化率达到96%，位居全国前列，所有生猪规模养殖场全面完成标准化改造升级，基本实现按标生产，建成国家级生猪标准化示范场81家、省级生猪标准化示范场436家。省规模猪场疫病净化、病死猪无害化处理、生猪养殖面源污染整治、废弃物资源化利用等相关工作均取得明显成效，多次得到农业农村部和省委省政府肯定，生猪养殖行业正朝着绿色农业和现代畜牧业高质量发展的方向大步迈进。

（福建省农业农村厅供稿）

山西省强化经费保障　提升动物防疫能力

▶**摘要**

2019年山西省着力强化经费保障与能力提升工作，申请非洲猪瘟防控专项经费875.77万元，并将870.94万元监测经费从2020年起列入省财政预算。同时，2018—2020年省级强制免疫经费三连涨，分别为4 730万、7 201万、11 174万元。通过提升实验室检测能力、从业人员能力，推进兽医社会化服务、信息化建设及强化联防联控、稳定机构队伍，全省强制免疫基础更加牢固，监测能力全面提升，设施设备及应急物资得到充实，防疫水平整体提升，全年未发生重大动物疫情；防疫能力的全面提升，为全省恢复生猪生产、壮大鸡、牛、羊规模养殖提供了防疫保障。

一、相关背景

非洲猪瘟发生以来，山西省认真学习领会习近平总书记重要指示和李克强总理批示精神，认真落实党中央、国务院和农业农村部一系列决策部署，深刻认识到做好非洲猪瘟防控不只是一项简单的疫病防控工作，而且是事关国民经济正常运转的政治大事；不只是关系山西一省发展的工作，而且是关系全国稳定大局的大事，切实把非洲猪瘟防控和生猪生产恢复工作作为一项重大政治任务来抓。省委书记楼阳生（时任省长）在《关于解决非洲猪瘟等重大动物疫病防控经费的意见》上的批示："此事特殊。同意。请王成同志（分管农业的副省长）继续高度重视疫情防范工作，把市场猪肉供应、价格补贴联动机制、生猪产业健康发展与严控疫情输入或复发有机结合起来，防止顾此失彼。"2020年2月楼阳生书记批示要求"严防非洲猪瘟疫情死灰复燃"，并多次在防控新冠肺炎疫情专题会议上强调严防非洲猪瘟疫情。林武省长、王成副省长多次对抓好动物防疫工作作出批示和部署。

二、主要做法

为切实做好非洲猪瘟等重大动物疫病防控工作，结合工作实际，将"严密防控非洲猪瘟等重大疫情"作为2019年"三农"工作的一项硬任务，着力强化经费保障与能力提升工作，全面提升了山西省动物防疫水平。

（一）加强经费保障

2019年省财政厅下拨非洲猪瘟防控专项经费875.77万元，其中省动物疫病预防控制中心购置仪器设备费501.93万元，非洲猪瘟检测试剂及耗材防护用品经费160.34万元，消毒药品等应急物资经费213.5万元，并将870.94万元非洲猪瘟等重大动物疫病监测经费从2020年起列入省财政预算。同时，省级强制免疫经费由2018年的4 730万元增加到2019年的7 201万元，并将经费再增至11 174万元列入省财政预算，经费适用范围延伸到强制免疫、兽医社会化服务等方面。

（二）全面提升动物疫病防控能力

一是全面提升实验室检测能力。组织11个市级、104个县级兽医实验室、3个外系统实验室开展检测比对工作，共分5批委托118个实验室开展非洲猪瘟检测工作，检测样品7.85万份，为疫情防控和生猪有序调运提供了保障。全面提高屠宰环节非洲猪瘟自检能力，分两批对农业农村部公布的山西省屠宰企业组织开展了121批次非洲猪瘟检测比对工作，通报了检测比对结果，进一步提升屠宰企业自检能力，切实做好非洲猪瘟防控，切实保障产品质量安全。

二是全面提升从业人员能力。举办规模化养猪场和种猪场非洲猪瘟防控、北部六省（自治区）非洲猪瘟防控、非洲猪瘟防控专题巡回讲座等培训班，解读《非洲猪瘟疫情应急实施方案（2019年版）》，强化关键防控技术、流行病学调查技术、生物安全措施等，并通过山西现代农业、山西农业12316等公众号进行网络直播，约8万人参加了培训。结合“不忘初心、牢记使命”主题教育“三服务”活动，组织技术专家深入运城、临汾、晋城、长治、晋中5个生猪养殖重点市开展技术服务。

三是积极推进信息化建设水平。研发并在全省范围内推广“山西省动物疫病强制免疫疫苗管理系统”，进一步规范了重大动物疫病强制免疫疫苗的使用和管理。该系统为各级疫苗管理提供方便、快捷、准确的数据记录，极大减少了因清点不及时超出有效期或出入库登记错误造成的浪费，实现了人员基本信息管理、防控物资管理、疫苗管理、查询统计、GPS动态化电子记录等数字信息化。开发并运行“兽医实验室检验检测系统平台”，规范省级兽医实验室检测过程，强化数据统计分析，为进一步做好动物疫情预警预报工作奠定基础。继续推进“智慧动监”信息平台建设，增加信息平台功能模块，切实提高调运监管方面的信息化水平。

四是强化联防联控。组织北京市、天津市、河北省、郑州市联勤保障中心、武警总队疾控中心等单位在大同市召开了京津冀晋及郑州联勤保障中心防治重大动物疫病联防工作会议，商讨非洲猪瘟联防联控工作，研究共同保障生猪产品供应的对策，对下一步落实重大动物疫病分区防控政策进行了部署。组织省指挥部22个成员单位召开全省非洲猪瘟防控工作会议，全面加强联防联控，形成工作合力。组织省指挥部成员单位开展非洲猪瘟应急响应桌面推演，个别市级指挥部组织成员单位开展应急演练，进一步强化了应急管理意识和应急处置能力，为山西省防控突发非洲猪瘟疫情提供了强有力的应急保障。

五是积极提升兽医社会化服务水平。制定出台《关于推进兽医社会化服务发展的实施意见》，对推进兽医社会化服务发展提出了具体要求。在畜牧业提升工程中，2019年安排

150 万元资金用于政府购买动物防疫服务；2020 年下达中央和省财政政府购买动物防疫经费 2 201.99 万元，用于开展政府购买动物防疫试点工作，为进一步推进政府购买动物防疫社会化服务提供资金支持。同时总结推广典型经验做法，强化引领带头作用。

六是稳定机构队伍。针对当前基层畜牧兽医体系被极大削弱的情况，按照省政府要求对全省基层体系建设进行了多次专题调研，理清当前基层畜牧兽医工作存在的职能不顺、责任不清、工作悬空等问题，并就这些问题积极向省政府请示汇报，多次与省编办进行协调沟通，积极推广乡镇畜牧兽医站人员、业务、经费“三权归县”的模式。

三、工作成效

2019 年，全省各级充分发挥动物防疫体系作用、积极担当作为，进一步加强基层动物防疫体系建设，强化设施装备、配齐配足人员，广大防疫人员振奋精神、主动作为，守土有责、守业尽责，全年未发生非洲猪瘟等重大动物疫情，全省畜牧业生产发展势头良好。

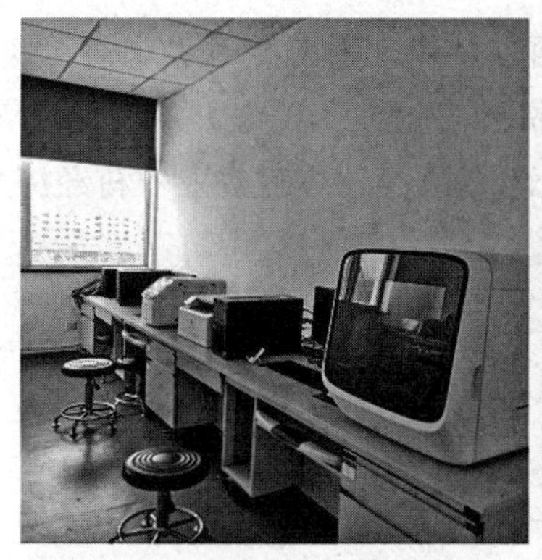

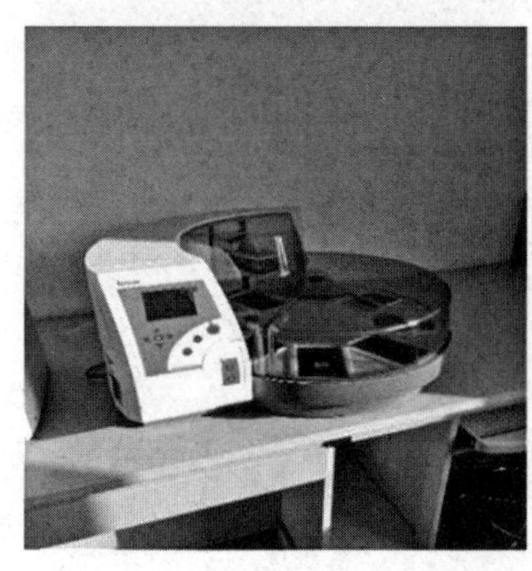

2018—2019 年山西省级兽医实验室采购的部分仪器设备

（一）动物防疫能力全面提升。一是强制免疫基础更加牢固。高致病性禽流感、口蹄疫等重大动物疫病免疫密度和抗体水平均达到国家要求，构建了牢固的免疫屏障。二是监测能力得到全面提升。从病原学检测能力看，从平遥县某食品公司外购生猪产品检出非洲猪瘟，集中监测发现高致病性猪蓝耳病、新城疫、小反刍兽疫等阳性样品，省市县三级病原学检测能力大幅提升。三是从业人员动物防疫意识和水平均得到了提高，为全面提升防疫水平提供了人才支撑。

（二）设施设备及应急物资得到充实。2019 年省级兽医实验室购置了 96 孔自动磁珠核酸提取系统、数字 PCR 系统、自动化微孔板移液分液系统、微孔板洗板机等设备，市县级也配备了生物安全柜、荧光定量 PCR 等设备，全省设备水平得到进一步提升。省动物疫病预防控制中心采购并发放消毒液 220 余吨，组织养殖场户、屠宰场、农贸市场等开展“大清洗、大消毒”专项行动，消毒面积超过 3.4 亿米^2，阻断了病毒的传播。

（三）全省畜牧生产发展势头良好。动物防疫能力的全面提升，为全省畜牧业的健康平稳发展提供了防疫保障，2019 年全省家禽出栏 14 055.6 万只，增长 17.4%；牛出栏 44.8 万头，增长 1.8%；羊出栏 554.6 万只，减少 0.7%；生猪出栏 739.9 万头，减少 9.2%。牛奶产量 91.8 万吨，增长 13.3%；禽蛋产量 111.4 万吨，增长 8.6%；猪、牛、羊、禽四种肉产量 90.2 万吨，减少 2.2%。

通过该项重点工作的推动，大大提升山西省整体动物防疫水平，对于恢复生猪生产、壮大鸡、牛、羊养殖规模，以及农民增收、脱贫攻坚等意义重大，为保障养殖业生产安全、动物源性食品安全、公共卫生安全和生态环境安全，促进农业农村经济又好又快发展做出积极贡献。

（山西省农业农村厅供稿）

贵州省试点创新防疫管理方式　强化疫病风险预警

▶**摘要**

重大动物疫病防控作为畜牧业持续健康发展和产业扶贫顺利推进的重要基础保障，作为贵州省内防疫管理方式的创新试点，安顺市各级党委、政府历来高度重视，始终坚持将其摆在突出重要的位置，推动各项措施全面落细落实，确保了全市未发生区域性重大动物疫情。2015 年以来，贵州省安顺市创新动物防疫管理方式，将畜禽规模养殖场动物疫病风险因素设为 6 大项、40 小项，对辖区内 257 个养殖场（猪场 101 个、禽场 94 个、牛场 38 个、羊场 24 个）逐场开展风险评估，并依据评估结果，对养殖场实行高风险、中等风险、低风险分级备案管理，逐场制定措施实行精准管理、指导、防控。工作开展以来，该市畜禽标准化规模养殖管理水平进一步提升，养殖场的防疫主体意识明显增强，动物疫病防控措施全面落实，多年来未发生区域性重大动物疫情，为保障畜牧业持续健康发展打下了坚实基础。

一、工作背景

2004—2006 年，安顺市累计投入 294.5 万元，按照有防疫员、防疫室、防疫设备和落实防疫员报酬的标准，率先在全省建成覆盖全部有养殖行政村的村级防疫体系，为动物防疫措施全面落实奠定了坚实基础。随着畜禽规模养殖比重的提高，为督促养殖场落实各项防疫措施，2007 年开始，安顺市实行养殖场动物防疫责任制和追究制，对辖区内每个养殖场分别明确 1 名畜牧兽医部门的专业技术人员为动物防疫责任人，将责任人的姓名、联系电话、工作单位等信息制作成公示牌张贴于养殖场大门口。2014 年，安顺市西秀区某养鸡场发生一起禽流感疫情，扑杀 32 万余只家禽，人民群众身体健康受到威胁，也给养殖业造成了巨大经济损失，增加了财政负担。突发疫情促使安顺市反思如何进一步提升养殖场的动物防疫管理水平，强化动物疫病早期预防，将动物疫病风险降到最低。在吸取该起疫情发生的教训和总结成功处置、后期评估经验的基础上，安顺市结合实际，在全市推行了养殖场动物疫病风险评估工作。

二、工作思路

安顺市按照“综合评分、等级认定、强化管理”的思路，以落实养殖场动物防疫工作为基础，以动物防疫体系建设为核心，以完善技术指标为手段，全面推进养殖场动物疫病防控体系建设，促进养殖场规范化、制度化建设，提高养殖场动物疫病防控能力和动物疫病预警预报能力。

三、具体做法

（一）加强组织领导。安顺市农业农村局成立畜禽标准化规模养殖动物疫病风险评估工作领导小组，制订印发《安顺市畜禽标准化规模养殖动物疫病风险评估体系建设实施方案》，明确开展畜禽标准化规模养殖动物疫病风险评估的目标、任务、工作步骤。各县（区）农业农村局也成立相应的工作组，制订实施方案，具体负责辖区内养殖场的动物疫病风险评估、结果运用和后续监管等工作。初步统计，2015—2019 年，安顺市共落实动物防疫经费 5 513.5 万元，其中用于购买风险评估必需的诊断试剂经费达 380 万元。

（二）明确风险评估范围。结合实际情况，安顺市明确开展动物疫病风险评估的养殖场为经当地农业、工商等行政主管部门批准，具有法人资格及一定养殖规模的猪、牛、鸡等畜禽养殖场。养殖规模指标为：猪年出栏大于等于 500 头；牛、羊存栏大于等于 100 头（只）；蛋鸡存栏大于等于 10 000 羽；肉鸡年出栏大于等于 20 000 羽；其他畜禽养殖场根据实际情况确定。

（三）制订科学评估方法。安顺市制订了《安顺市规模养殖场重大动物疫病风险评估表》，将养殖可能出现的风险因素归纳为 6 大项，下设小项并细化评分标准，共设 40 个小项，对养殖场动物疫病风险实行 100 分制打分。40 个小项中：限制项 3 个（重大动物疫病免疫抗体水平合格率、本场重大动物疫病病原学监测结果、本场环境重大动物疫病病原学监测结果）、特别关键项 3 个（养殖场兽医人员不对外诊疗、其他重点疫病免疫抗体水平保持在有效范围、本场重大动物疫病发病史）、关键项 5 个（管理区、生产区、隔离区严格分开并相隔一定距离；场区入口设置消毒室，并安装有喷雾或紫外线消毒设施；生产区门口设消毒池，且消毒池的宽度与大门同宽，长度 4 米以上，深度 0.3 米；有废弃物，即粪便、污水、病死动物等无害化处理设施；是否有相对独立的引入动物隔离舍和患病动物隔离舍）。根据评估得分，判定养殖场疫病风险等级为高风险、中等风险、低风险三个等级。判定标准如下：

高风险。满足以下任一条：限制项有一项以上不符合要求、特别关键项有 2 项（含）以上同时不符合要求、有 1 个特别关键项和 3 个（含）以上关键项同时不符合要求、得分为 80（不含）以下。

中等风险。满足以下任一条：特别关键项有一项不符合要求、关键项有 3 项（含）以上同时不符合要求、得分为 80（含）～90 分（不含）。

低风险。限制项、特别关键项、关键项全部符合要求，得分 90 分（含）以上。

（四）加强评估结果运用。结合风险评估结果，对养殖场实行分级管理：一是对高风险的养殖场每季度监管 1 次，下达具体整改意见书，限期整改，将动物疫病风险降到低风险级；二是对中等风险的养殖场每半年监管 1 次，下达具体整改意见书，将动物疫病风险

2019 年 6 月在关岭布依族苗族自治县某养殖场开展动物疫病风险评估

降到低风险级；三是对低风险的养殖场每年监管 1 次，确保动物疫病防控水平不降低。为鼓励养殖场主动落实疫病防控措施，降低疫病风险，安顺市对低风险的养殖场在畜牧产业发展政策、资金上予以倾斜，加大扶持力度；对经整改仍不能降为低风险水平的中等或高风险养殖场，一律不予扶持，并根据《动物防疫法》有关规定采取关停、并转等处理措施。

四、取得成效

2015—2019 年，安顺市累计对养殖场开展了 257 个场次的动物疫病风险评估，其中猪场 101 个、禽场 94 个、牛场 38 个、羊场 24 个，并依据评估结果判定的动物疫病风险等级采取相应的等级管理措施，大大提升了养殖场动物疫病防控能力和动物疫病预警预报能力。具体体现在四个方面：一是通过入场监督查看，及时发现养殖场在选址、布局、设施设备等方面存在的缺陷，努力消除了风险因子，改善了动物防疫条件；二是通过对养殖场分区布局、防疫设备设施、饲养管理、无害化处理等重点环节实施监管，有效推进了标准化示范场的创建工作；三是通过全面检查监管，落实一场一方案，对每个养殖场建立档案、划定风险级别、落实风险动态管理，确保相关养殖场没有发生重大动物疫情；四是通过实施风险评估管理，在畜禽养殖环节实现痕迹化管理，调动了养殖场对动物疫病防控、净化的积极性，为实现养殖品种良种化、防疫制度化、生产规范化、监管常态化打下了基础。

（贵州省农业农村厅供稿）

第三节

加强动物防疫体系建设

- 甘肃省
- 山东省
- 湖北省
- 江西省
- 宁夏回族自治区
- 湖南省

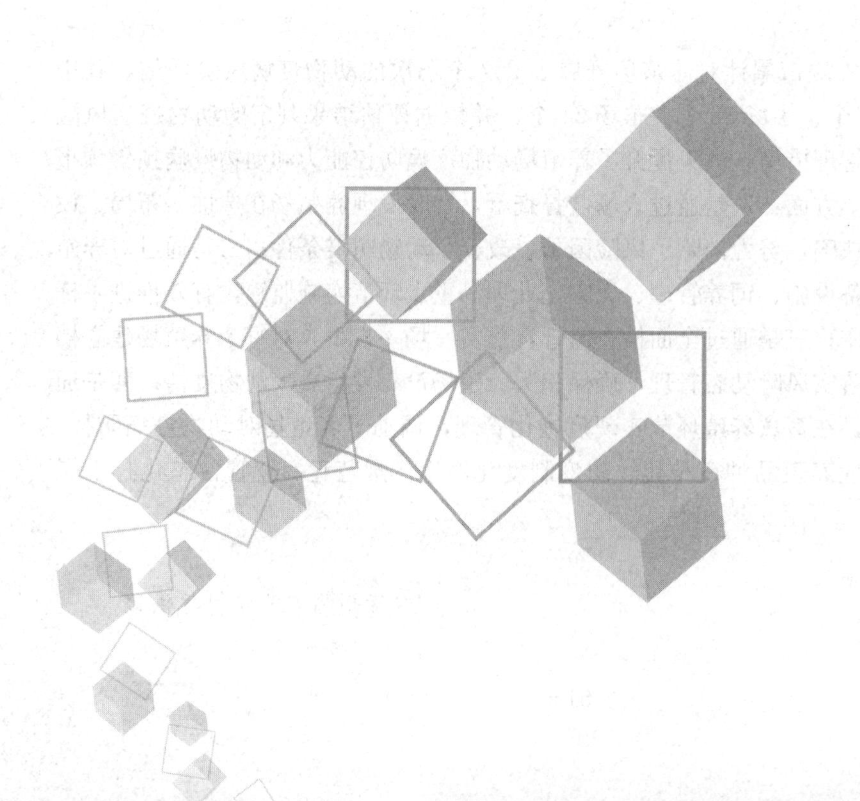

抓培训促能力提升　夯基础强服务保障
甘肃省开展基层动物防疫人员多渠道全覆盖培训

▶摘要

近年来，在决战决胜脱贫攻坚关键时期，养殖业作为甘肃省脱贫攻坚支柱产业，得到了快速健康发展。同时，动物防疫保障任务也随之越来越重，要求越来越高，责任越来越大，措施越来越细。面对动物疫病防控严峻形势，为提升重大动物疫病防控能力和应急处理能力，甘肃省畜牧兽医局专门制订了《2019年全省基层动物防疫人员培训工作方案》，筹措专项资金，统筹新型职业农民培训等各方资源，坚持上下联动组织实施，紧盯弱项短板，创新培训方式，因地制宜突出实战开展学习培训。全年共举办培训班188期，培训乡镇畜牧兽医站技术人员3 550人，累计培训村级动物防疫员13 459名，实现了基层动物防疫人员多渠道全覆盖培训，有效提升了全省基层动物防疫人员技能水平和服务能力，打造了一支优秀专业技术队伍，为常态化防控非洲猪瘟等重大动物疫病，助力养殖产业脱贫攻坚打下了坚实基础。

2019年以来，面对非洲猪瘟等重大动物疫病防控严峻形势，甘肃省各级兽医防疫人员坚持以习近平新时代中国特色社会主义思想为指导，切实增强使命感和责任感，以高度负责的精神和脚踏实地的作风，任劳任怨开展排查监测，不辞辛苦昼夜值班值守，勇于担当及时果断处置突发疫情，在全力打好非洲猪瘟防控攻坚战和持久战、统筹抓好其他重大动物疫病防控工作中，做出了积极贡献，有效阻止了非洲猪瘟扩散蔓延，保证了甘肃省重大动物疫情形势平稳可控，为生猪生产恢复提供了有效防疫保障，全力助推产业扶贫和脱贫攻坚。随着全省产业扶贫深入推进，牛羊产业快速发展，动物防疫保障任务越来越重，要求越来越高、责任越来越大。在甘肃省养殖业仍以中小养殖为主的大背景下，提升基层动物防疫队伍能力水平是做好动物防疫服务保障的关键和基础。在开展非洲猪瘟等动物疫病防控工作中，基层动物防疫人员结构失衡、临床经验缺乏、专业能力不足等问题也随之显现，这在一定程度上影响动物防疫各项措施有效实施，影响防疫队伍的战斗力。

为着力解决基层兽医防疫人员经验缺乏，专业知识更新不及时等问题，切实提升全省基层动物防疫人员技能水平和服务保障能力，主动适应常态化防控非洲猪瘟新形势新要求，有效应对各种重大动物疫病，确保全省畜牧业持续健康发展，全力助推养殖产业脱贫攻坚，按照省政府分管领导的安排，省畜牧兽医局专门制订了《2019年全省基层动物防疫人员培训工作方案》，统一部署、集中动员，统筹运用新型职业农民培训、动物疫病防治员职业技能大赛等平台，以理论授课和实地操作相结合，以省上统一组织师资为主，对全省基层动物防疫人员进行为期1个月的集中培训，推动形成培训长效机制。

一、有效统筹各方资源，上下联动组织实施

省畜牧兽医局高度重视基层动物防疫人员学习培训，专门制订《2019年全省基层动物防疫人员培训工作方案》，以集中培训为主，突出实践操作，切实提高培训的精准性、针对性和实用性，在经费安排、组织实施、师资选派、督导考核等方面坚持多方统筹，上下联动。专门安排176万元用于乡镇畜牧兽医站专业技术人员培训，统筹利用2019年新型职业农民培育工程资金对村级动物防疫员开展培训。省畜牧兽医局主要领导亲自带队，组织5个督导组分片区开展培训督导，督促建立了统一规范的培训台账和班级档案，严格落实考试考核和培训发证制度。科学组织开展省、市、县三级动物疫病防治员职业技能大赛，提升参赛积极性和竞赛水平。通过统筹各种资源组织基层兽医防疫人员培训，进一步完善了以春秋防疫培训为基础、以各种专项培训为重点、以职业技能大赛为引领、以新型职业农民培育工程为补充的长效机制，为基层动物防疫人员能力提升提供了长期保证。

二、发挥技术优势，全覆盖开展培训

充分发挥省、市、县三级动物防疫部门专家优势，严格把关、择优选择业务素质高、工作能力强的兽医专业技术人员264名，组成88个培训工作组，作为主要师资力量赴各地开展培训，全年共举办培训班188期，培训乡镇畜牧兽医站技术人员3 550人。利用农业农村部门新型职业农民培训工程和建档立卡贫困户示范培训等项目，对全省14个市州开展为期10天左右的动物防疫技术培训，采取在生产中学、到实地看和在干中学、在学中练等方式，培训村动物防疫员5 151人，加上2018年新型职业农民培训的8 308名村动物防疫员，累计培训村动物防疫员13 459名，实现了村级防疫员培训多渠道全覆盖。同时，坚持不懈做好春秋集中免疫前培训，对参加集中免疫工作的防疫人员进行分类集中培训，有效提升防疫人员自我防护意识和能力，切实做到免疫规范操作，确保集中免疫取得预期效果。

三、紧盯弱项短板，创新培训模式

结合工作需要开展培训。突出各地在动物防疫中存在的具体问题，根据学员知识层次安排不同场次培训，基本做到了一班一方案，因需备课，缺什么培训什么，不会什么培训什么。临泽县针对布鲁氏菌病防疫人员防护不到位的问题，重点培训了布鲁氏菌病防控技术规范、防控要点和人员安全防护技术。白银市白银区在兽医实验室讲解动物主要传染病的诊断要点，开展辖区动物疫病流行形势和动物防疫风险培训。围绕牛羊产业扶贫，强化技术支撑开展培训。省畜牧兽医局组织编写了《牛羊产业扶贫动物疫病防控工作指南》，从养殖服务、防疫管理等方面有计划有针对性开展专项培训。协调甘肃农业大学在东乡族

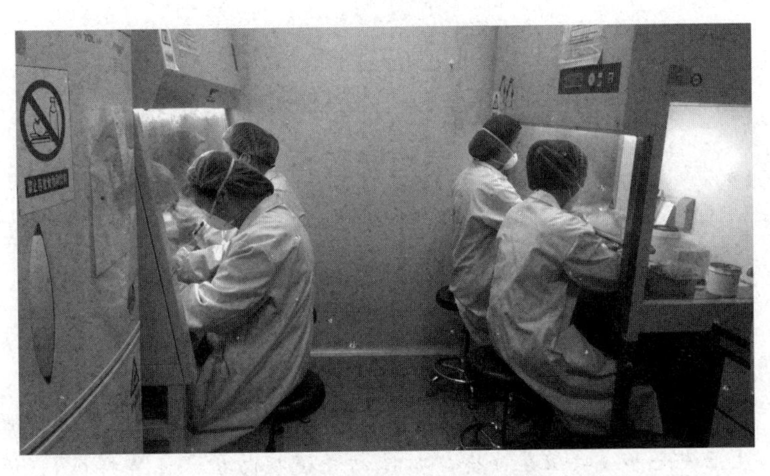

2019 年 1 月甘肃省开展非洲猪瘟检测技术培训

自治县举办了畜牧兽医实用技术推广应用能力提升培训班，对 100 名乡镇畜牧兽医技术人员和村级动物防疫员进行为期 2 个月的培训，系统学习牛羊疫病预防、普通病防治、牛羊改良扩繁、设施养殖及青贮饲草料配置 5 个方面的基础理论知识和实践操作技能，确保牛羊产业发展中有效动物防疫保障作用。坚持理论联系实际，突出实践操作开展培训。面对动物防疫新技术新要求，为满足基层动物防疫实践操作需要，重点在疫情处置、排查监测、免疫接种、病料采集等方面开展实战化培训。武山县、正宁县采取现场演示采血、免疫接种、消毒、临床检查、动物保定、患病动物处理、病料采集、免疫反应应急处理等方面的培训。清水县通过老师现场讲解演示，手把手教学员操作，分别从生物安全防护、免疫注射操作技术、采样技术、剖检技术等方面开展培训。嘉峪关市、华池县、庆阳市西峰区通过技术比武和应急演练等方式，让参训人员熟悉重大动物疫情应急处置流程。2018 年甘肃省参加全国动物疫病防治员职业技能大赛，获得团体第三名的好成绩，3 名参赛选手均被授予“全国农业技术能手”称号。

通过多渠道、多形式、全覆盖培训，全省基层动物防疫人员的专业素养得到了提升，对常见疫病的诊治能力得到了增强，学习了重大动物疫病和常见病防控的法律法规、技术规范、防控技术、个人安全防护技术和应急处置工作程序。打造了一支作风过硬、技术精湛、敢于担当、勇于作为的防疫队伍，有力促进了全省动物疫病防控能力水平提升，为进一步加强从养殖到屠宰全链条兽医卫生风险控制，维护畜牧产业持续健康发展，助力产业扶贫作出了积极贡献。

（甘肃省畜牧兽医局供稿）

狠抓疫病区域管理　筑牢动物防疫体系 山东省动物疫病防控再上新台阶

▶**摘要**

为提升全省动物疫病防护能力和保障水平，降低疫病发生风险，保障畜牧业生产安全和公共卫生安全，打造动物疫病防控“齐鲁样板”，近年来山东省狠抓动物疫病区域化管理，胶东半岛无疫区为全国首个高致病性禽流感无疫区，山东民和建成全国首个无疫小区，山东凤祥建设高致病性禽流感和新城疫双病无疫小区。通过启动无疫省建设，支持胶东半岛率先创建非洲猪瘟无疫区，鼓励企业创建无疫小区，着力扎稳底盘、打牢根基。通过推行村级动物防疫员管理制度改革，实施职业化建设、制度化保障、网格化运行，建立了一支专职化、高素质的基层动物防疫队伍，动物疫病防控体系不断健全，动物疫病防控能力显著提升。

一、有关背景

山东省自1998年开始实施胶东半岛无疫区示范区项目，首次引入动物疫病区域化管理理念。2003年胶东半岛无疫区示范区建设项目顺利通过农业部验收。2013年省政府正式启动胶东半岛免疫无口蹄疫区和免疫无高致病性禽流感区的评估认证，2016年通过国家验收，被国家公布为口蹄疫和高致病性禽流感两病的无疫区。2019年省政府印发《山东省免疫无口蹄疫区和无高致病性禽流感区建设方案》，启动无疫省建设。2008年起，率先在德州六和、青岛九联、山东民和等企业推行无疫小区建设试点；2017年，山东民和被农业部公布为首批高致病性禽流感无疫小区；2019年，山东凤祥被公布为高致病性禽流感和新城疫无疫小区，也是首个双病无疫小区。

二、工作思路

梯次推进动物疫病区域化管理，推动重点动物疫病由稳定控制向净化消灭转变，进一步提升畜牧业生产安全、畜产品质量安全、公共卫生安全和生态安全保障能力，助推畜牧业新旧动能转换和乡村振兴。无疫区建设由胶东半岛推向全省；无疫小区建设由民和、凤祥等少数集团化企业推广至大部分一体化养殖集团，病种由高致病性禽流感扩增至非洲猪瘟、新城疫等。

三、具体做法及成效

（一）强化基础设施。在胶东半岛率先建成免疫无高致病性禽流感、口蹄疫无疫区的基础上，启动全省无疫区建设，提升全省动物疫病防控基础设施装备水平。一是健全监测预警网络，率先开展县级兽医实验室病原学检测能力建设，目前省、市、县三级兽医实验室全部具备非洲猪瘟等重大动物疫病病原学检测能力，去年累计检测样品 45 万余份；着手建设动物疫情预警预报平台，建立以兽医实验室为主体，以大专院校、科研院所、企业、诊疗机构等为补充的多元化监测、分析、预警体系。二是筑牢动物防疫屏障，实施无疫区提升项目建设，高标准建设 2 802 处检疫申报点、87 处动物卫生监督检查站、6 处动物隔离场；建成 81 个无害化处理厂、111 套收集体系，病死畜禽集中处理率超过 90%，率先启动病死畜禽无害化处理布局优化，支持建设区域性病死畜禽无害化处理中心。三是夯实应急储备保障，制订管理办法，建立省市县三级应急物资储备库，常年储备免疫疫苗 5 000 余万毫升、消毒药品 2 000 多吨、诊断试剂 70 余万份、防疫器械 130 万多台；每年开展省、市、县三级联合应急实战演练，提升应急事件快速科学处置能力。

（二）强化机制建设。积极创新工作运行管理模式，不断健全制度体系，提升工作效能。一是完善法规制度，修订《山东省动物防疫条例》《山东省畜禽屠宰管理办法》等法规规章，突出细化病死畜禽无害化处理、畜禽屠宰监管、屠宰企业规划、无疫区外引（过境）动物及动物产品等规定，进一步明确了责任分工，健全了制度体系，强化了监管服务。二是创新工作运行，率先全面推行强制免疫“先打后补”，逐步实现养殖场户自主采购、财政直补；率先实行动物检疫电子出证，推行“移动动监”试点，提升了检疫信息化管理水平；启动山东智慧畜牧大平台建设，开发完善畜牧兽医综合监管服务平台，推进动物防疫“互联网＋监管”，提升动物卫生监管效能。三是压实工作责任，充分发挥胶东半岛无疫区建设优势和建设经验，开展 16 市“8 对 8 结对帮扶”，点对点、一对一指导服务培训；省级对各市实施重大动物疫病防控绩效管理，建立包保联系责任制，开展明察暗访、督查调研，有关情况全省通报、限期整改，落实了政府属地管理、部门行业监管、从业者防疫主体“三方责任”，有力确保了动物疫病稳定控制。

（三）强化基层队伍。率先推行村级动物防疫员管理制度改革，通过公开招聘，实战操作、专业培训、绩效考核，在全国率先建设一支专业化、职业化、年轻化的高素质基层动物防疫队伍。一是职业化建设，建立完善村级动物防疫员选用制度，采取劳务派遣方式，优先从现有乡村兽医、畜牧兽医大中专毕业生中公开选聘专业人员，定期开展专业知识培训，全职配合承担动物疫病防控、动物卫生监督、畜产品质量安全监管、无害化处理管理等任务。二是制度化保障，建立村级动物防疫员工资、考核和动态管理机制，实行“最低工资标准＋绩效工资”的薪酬管理，缴纳养老、医疗等社会保险，落实工作经费，配备工作设备，保障工作条件，定期考核、动态管理、有序进出。三是网格化运行，每 10 个行政村作为一个网格，配备 1 名村级动物防疫员，定人员、定区域、定职责，建立健全基层动物防疫和畜产品质量安全网格化监管体系，将动物防疫安全监管对象全部纳入网格进行统一有效管理，实现网格全覆盖、管理无盲区、责任可追究。目前，全省已有67个县（市、区）完成改革，实现了队伍瘦身、工作增效，从根本上解决了动物疫病防控“最后一千米”的问题。

（四）强化典型示范。充分发挥典型引领、示范带动的作用，点面结合，强化短板、协同推进。一是建设无疫区“示范县”，支持建设阳谷县1个省级示范县、15个市级示范县，为无疫省基础设施建设、档案规范管理树立了样板、提供了参考。二是率先推行省内分区防控，在胶东半岛无疫区的基础上，推动建立青岛、烟台、威海、潍坊、日照非洲猪瘟等重大动物疫病和布鲁氏菌病等人畜共患病联防联控工作机制，支持胶东半岛率先创建非洲猪瘟无疫区。三是支持创建无疫小区，建立前期评估申报、中期跟踪服务、后期帮扶验收的无疫小区创建机制，强化技术培训、现场指导、监督管理，支持帮助有条件的企业积极创建多病种无疫小区。目前，山东省已建和在建无疫小区9个，建设质量和数量居全国首位。四是开展县级兽医机构效能评估，每个市选取一个县开展县级兽医机构效能评估工作，查摆基层兽医机构履职能力的短板，提出有针对性的提升意见，推动提升基层兽医防疫能力。2020年起，将在试点县（市、区）的基础上逐步将基层兽医机构效能评估工作推广至所有县（市、区）。

2020年7月山东省举办无疫省示范县建设工作现场培训

（山东省畜牧兽医局供稿）

湖北省全面加强动物防疫体系能力建设 建立健全动物疫病防控长效机制

▶摘要

为进一步做好湖北省重大动物疫病防控工作，满足人民群众对放心肉食品、公共卫生安全和优美生态环境的新需求，湖北省人民政府于 2019 年 8 月 10 日印发《关于加强动物防疫体系和能力建设的意见》（鄂政发〔2019〕20 号，以下简称《意见》），文件明确了人员配备、硬件配置、物资储备等标准，提出了重大动物疫病防控责任“三落实”、疫情处置“三个不放过”、经费保障“三个不低于”等具体要求，为动物防疫体系建设提供了有力的政策支持。一年多来，在《意见》指引下，湖北省动物疫病防控工作正在呈现积极变化。

一、背景

近年来，湖北省高致病性禽流感、非洲猪瘟等重大动物疫病以及羊布鲁氏菌病等人畜共患病时有发生，外源性输入型疫情风险压力持续加大，严重危害公共卫生安全。加之湖北省“九省通衢”，水网星罗棋布，畜禽调运频繁，是候鸟迁徙的主要途经地，防控形势复杂严峻，防控工作难度加大，能力体系建设挑战增多。省委、省政府主要领导多次就加强动物防疫体系和能力建设作出明确批示，在组织专题调研和相关部门反复研讨的基础上，《意见》由省农业农村厅牵头起草，经省政府常务会议审议通过，于 2019 年 8 月印发全省。《意见》的出台，既是对当前非洲猪瘟防控工作补短板、强弱项的应急之举，也是全面加强动物防疫体系和能力建设打基础、管长远的谋远之策。

二、工作思路

《意见》坚持以人民为中心的发展思想，积极回应社会关切，围绕省、市、县、乡镇四级动物防疫“干什么事、购买什么服务、稳定什么样基本队伍、配备什么装备、平常和应急状态如何转换”等内容，严格落实《动物防疫法》的有关规定，从强化工作责任、健全工作体系、夯实工作基础、提升应急能力、强化工作落实和保障五个方面，对加强动物防疫体系和能力建设进行系统谋划，着力解决防疫工作机构不健全、队伍不稳定、保障不到位、设施装备条件落后、基层防控能力薄弱等难点、堵点问题。

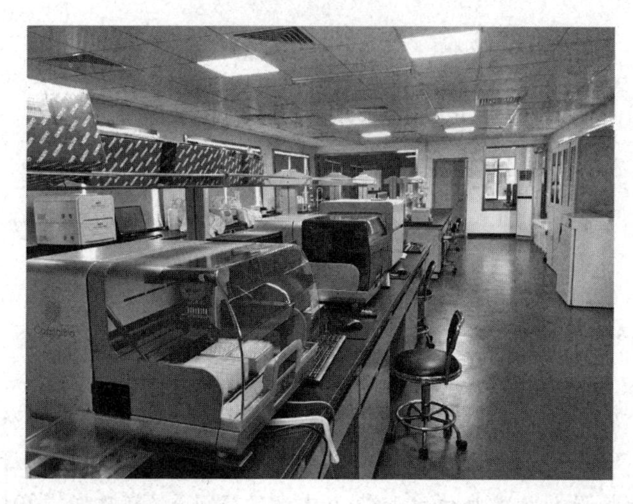

湖北省动物防疫体系能力建设项目——荆州市动物疫病预防控制中心实验室

三、亮点内容

（一）防控责任更加具体。一是《意见》以《动物防疫法》为根本遵循，结合国办发〔2019〕31号文件精神，再次重申地方政府、监管部门、生产经营主体三个责任落实，强化了横向到边、纵向到底的防疫工作责任体系。二是在动物疫病预防、疫情监测预警、疫病控制扑灭、检验执法监督、防疫技术创新等防控体系建设五个方面提出“五高”的要求。三是针对重大动物疫情处置和责任追究提出“三个不放过”工作原则。《意见》的出台使得全省动物疫病防控工作责任更清楚、要求更明确、问责更严厉。

（二）建设任务更加明晰。针对湖北省兽医实验室硬、软件方面的短板和薄弱环节，《意见》有针对性地在兽医实验室面积、专职技术人员和非洲猪瘟监测能力上明确省、市、县三级的量化标准，并对省际公路动物防疫监督检查站、指定通道、病死畜禽收集及处理设施和畜禽运输车辆清洗消毒中心等方面基础设施建设提出相应要求。

（三）保障措施更加有力。动物防疫的重点在基层，难点也在基层。在基层队伍方面，《意见》中明确了乡镇动物卫生监督人员派驻及村级防疫人员配备的数量和标准，进一步稳定基层防疫机构和队伍，完善“以钱养事”机制，打通防疫“最后一千米”。在待遇保障方面，《意见》第一次提出了“两不低于一参照”标准，即县级以上动物防疫执法部门的工作和业务经费不低于同级行政执法部门的平均保障水平；县级以上动物卫生监督、疫病防控机构的工作和业务经费不低于同级一类公益性事业单位的平均保障水平；根据乡村动物防疫人员的劳务量，参照当地村干部的收入水平，合理确定乡村动物防疫人员报酬水平，从政策层面逐步推动基层队伍待遇提升。

四、落实措施

一是宣贯文件，细化方案。在《湖北日报》整版，对《意见》进行全方位、多角度解读；将文件迅速寄发至地市州党委、政府主要负责人；指导制订全省各地兽医实验室、动物卫生监督检查站建设和应急物资储备等实施方案。二是定期调度，量化进度。对基层动物防疫机构队伍、兽医实验室建设、动物卫生监督人员派驻等重点情况开展定期调度；对省畜禽运输指定通道建设实行规划引领，上下联动。三是精心组织，激化活力。先后组织全省非洲猪瘟检测技术、动物卫生监管和兽医药品追溯监管等培训200多人次，重点提升畜牧兽医工作人员非洲猪瘟实验室检测、动物检疫监管及兽药产品追溯管理等能力，激发工作活力。四是督办指导，强化责任。借助农业春秋播、春秋防、抗旱、防汛等专项工作时机，协同抓好跟进指导；成立6个联合调研督导组，赴武汉、襄阳、宜昌等12个地市对《意见》落实情况开展调研督办。

五、取得成效

《意见》实施一年多以来，湖北动物疫病防控基础有效夯实，设施体系全面升级，保障水平稳步提高。

一是地方防控责任全面压实。《意见》出台后，截至目前，全省17个地市均出台了文件，并成立动物疫病防控指挥部，全面强化政府属地管理、部门监管、防疫主体“三个责任”落实，结合各地实际研究制订辖区内动物防疫体系和能力建设方案。二是全省防控形势整体稳定。自非洲猪瘟疫情以来，湖北始终坚持日排查，仅2020年以来，已累计排查生猪养殖场（户）644.58万个次，交易市场、屠宰场等重点场所7.73万场次，涉及生猪4.12亿头次，湖北省已连续一年养殖环节排查未发现重大动物疫病异常情况。三是市、县两级兽医实验室建设得到加强。据统计，全省91个市、县级兽医实验室在人员配备、使用面积和非洲猪瘟检测能力三项指标中达标的数量分别为42、46和50个，较《意见》实施前分别上升10.5%、31.4%、6.4%；2020年湖北省将继续推进4个市级兽医实验室建设项目，着力提升动物疫病区域化监测水平。四是畜禽运输指定通道建设有序推进。以省政府名义印发《湖北省动物防疫监督检查站和指定通道建设规划》，全省共设立指定通道36个。目前已落实资金5 838万元，建设指定通道10个，省际防疫监督检查站13个，并积极争取2021年国家第一批指定通道建设项目。五是村级防疫员待遇不断改善。2019年起，湖北省将农村公益性服务“以钱养事”省级补助资金纳入县级基本财力保障，并将“以钱养事”作为计算县级基本财力保障增量的一个重要因素。据不完全统计，截至2019年底，全省22 670个行政村共聘用村级防疫员9 383名，村级防疫员人均年收入2.41万元，最高的达8.34万元。

（湖北省农业农村厅供稿）

投入真金白银　勇于先行先试
江西省基层畜牧兽医体系建设成效显著

▶摘要

江西省立足畜牧兽医事业发展实际，坚持问题导向，着力补短板、强弱项，稳步推进基层畜牧兽医体系建设。省农业农村厅成立了体系建设工作领导小组，组织开展大调研活动，向省政府提交了调研报告和实施意见，并在万年、铜鼓两县开展体系建设试点。省级财政安排1.1亿元，支持基层兽医防疫体系建设、运输车辆洗消中心、病死畜禽无害化处理体系建设。采取“定向招生、定向培养、定向就业”的办法，依托高职院校定向培养大专毕业生，定向分配到乡镇站工作。2019年全省开展兽医社会化服务的县达到43个，鼓励和支持第三方兽医检测机构为养殖企业提供全方位防疫技术服务，推进兽医社会化服务，充实基层防疫力量。

为贯彻落实中央一号文件和中央农村工作会议精神，按照农业农村部关于深化基层畜牧兽医体制改革的要求，2018年江西省农业农村厅紧紧围绕“夯实基层”的目标，着力解决“有人做事，有能力做事”问题，通过组织开展大调研活动、定向培养乡镇兽医人员、推进兽医社会化服务等途径加强基层畜牧兽医体系建设。三年来，通过加大资金投入，积极推动试点，基层畜牧兽医体系建设取得明显成效。

一、工作思路

一是机制引导。按照“政府引导、自愿加入、市场运作、民办公扶”的原则，组织乡村分散的兽医技术服务人员，成立兽医技术服务型合作组织，使之成为一支重要的动物防疫力量。畜牧兽医部门打破了过去包揽一切动物防疫服务的做法，将很多以往管不好、管不了的服务交由社会力量承接提供，实现了由政府包办向政府购买方向转变。二是拓展服务。社会化服务实施前，村级动物防疫员待遇明显偏低，防疫任务又重，工作没有积极性。实施社会化服务后，合作组织通过拓宽服务领域，开展动物诊疗、阉割、人工授精、饲料、兽药销售、畜牧兽医技术咨询等有偿技术服务，合作组织参加人员通过参与综合服务劳动收入得到了大幅度提高。三是规范行为。兽医部门通过督促指导合作组织规范协会章程，建立健全合作组织日常运行管理制度，同时采取诊疗、经营许可的形式，要求合作组织加强技术力量，固定服务场所，挂牌营业。通过加强对合作组织的监管，进一步规范合作组织及从业人员的从业行为。

江西省立足畜牧兽医事业发展实际，坚持问题导向，着力补短板、强弱项，稳步推进基层畜牧兽医体系建设。通过大力开展畜牧兽医体系改革试点，加大基层防疫设施建设，“三定向”培养大专毕业生到乡镇站工作，鼓励和支持兽医社会化服务组织和第三方兽医检测机构为养殖企业提供全方位防疫技术服务，基层畜牧兽医体系建设成效明显。

二、主要做法

一是精心谋划，扎实做好基础调研。省农业农村厅将基层畜牧兽医体系建设工作列入全厅重点工作，重点推进，成立了以分管领导为组长的厅基层畜牧兽医体系建设调研工作领导小组，厅畜牧兽医局、省动物疫病预防控制中心、省动物卫生监督所、省畜牧技术推广站、省家畜血吸虫病防治站、省兽药饲料监察所、省养蜂研究所为成员单位，由1名正处级领导干部专职负责体系建设工作，抽调业务骨干25人，扎实做好基础调研、实地调查、座谈研讨、资料收集、统计分析、报告撰写等大量工作。2018年1月派出7个调研组赴重点市、县调研。2018年4月针对重点问题，又组织第二次专项调研活动，共调研11地市、23个县，基本掌握全省基层畜牧兽医体系现况。2019年3月，组织人员赴江苏省、浙江省学习借鉴相关经验。2019年12月，组织对上饶市、万年县和玉山县开展了兽医体系效能评估工作，进一步积累调研数据。

二是高位推动，积极构建制度保障。根据调研情况，在广泛征求各方意见和专题研讨会的基础上，省农业农村厅向省政府提交《谁来担责　全省基层畜牧兽医体系现状令人担忧》《加强和深化畜牧兽医体系建设的调查与思考》等高质量调研报告，提出加强建设措施，积极向省政府建言献策。经积极争取，省政府出台了《关于加快建立非洲猪瘟防控长效机制　切实稳定生猪生产保障市场供应的实施意见》（以下简称《实施意见》），为全省各级农业农村部门加强动物防疫体系建设提供了制度保障和硬性要求。《实施意见》明确要求建立健全省、市、县三级动物卫生监督机构和动物疫病预防控制机构，县级动物疫病预防控制机构专业技术人员不少于5人，应至少配备3～5名动物卫生监督执法人员，每个乡镇配备官方兽医不少于2名。

三是加大投入，真金白银着手建设。2019年起，省政府牵头，省财政厅、发改委、人社厅、农业农村厅等部门协调配合，全省基层畜牧兽医体系建设拉开大幕。一是推进基层畜牧兽医体系改革试点。省政府选择万年县、铜鼓县为试点，投入试点奖励经费460万元，打造基层畜牧兽医系体建设“万年模式”和“铜鼓模式”，为全面推进全省基层畜牧兽医体系建设积累经验。目前，两县试点工作在县委、县政府统一领导下，正在加快推动实施中。万年县7项防疫检疫设施已经动工，铜鼓县已有3项建设项目进度过半。二是实施基层兽医防疫体系建设项目。省级财政2019年安排1 000万元专项资金，在东乡、吉安、万载等5个县开展基层兽医防疫体系项目建设，每个县项目资金200万元，重点加强县级兽医实验室和乡镇站防疫设施建设。目前5个县项目接近完工，待项目竣工验收后，在总结工作经验的基础上，再扩大项目覆盖面，力争实现全省生猪调出大县全覆盖。三是强化养殖、调运环节防疫设施建设。2019 年，省财政安排非洲猪瘟防控“大清洗大消毒”专项经费 960 万元、病死畜禽无害化处理体系建设经费 3 200 万元，支持 32 个生猪调出大县建设生猪运输车辆清洗消毒中心，支持养殖大县开展病死畜禽无害化集中处理中心等基础设施项目。

江西省加强标准化畜牧兽医站建设

四是以人为本，大力夯实队伍支撑。为有效破解乡镇兽医人员不足、年龄老化、后继乏人的难题，江西省从 2014 年起，采取“定向招生、定向培养、定向就业”的办法，依托高职院校定向培养大专毕业生，定向分配到乡镇畜牧兽医站工作。考生参加全国普通高校统一招生考试，以县为单位将考生高考成绩从高分到低分依次择优录取。录取考生与县农业部门、培养学校签订就业协议书，大专毕业后定向分配到乡镇畜牧兽医站工作。毕业生人事编制挂在县农业（畜牧水产）局，工资待遇得到有效保障。定向培养工作将为基层动物防疫队伍不断补充新鲜血液，逐步形成“进得来、留得住”的用人新机制。目前，已连续完成 6 届招生工作，招录定向畜牧兽医专业大专生 600 多名，前 3 届毕业生 300 多人已经走上工作岗位，受到县、乡畜牧兽医局（站）的一致好评。乡村兽医队伍建设方面，省教育厅、省农业农村厅创新开展高职扩招培养高素质农民工作，乡村兽医可以通过全省高素质农民学历提升行动计划，获得全日制高等教育专科学历证书，为探索动物防疫专员工作提供了新途径。

五是创新机制，大力推进兽医社会化服务。2019 年，江西省实施兽医社会化服务的县达 43 个，改革成效明显，实现了一项转变、两个提高，达到三方共赢的目标，打破了政府过去包揽一切动物防疫服务的做法，实现了由政府包办向政府购买方向转变。畜禽免疫密度和免疫抗体合格率均明显提高，提高了防疫人员待遇。政府部门只需要负责监督和考核，减轻了工作量；养殖户通过合作组织，可得到免疫、诊疗、阉割、人工授精等服务，方便了养殖户；合作组织获得更多的服务机会，提高了劳动收入。

（江西省农业农村厅供稿）

凝心聚力　奋发有为
宁夏回族自治区努力构建科学高效的兽医社会化服务体系

▶摘要

按照农业部《关于推进兽医社会化服务发展的指导意见》（农医发〔2017〕35号）文件要求，宁夏回族自治区立足工作实际，以提高畜牧兽医公共服务水平为目标，以创建畜牧兽医社会化服务组织体系为手段，印发《关于推进全区政府购买兽医社会化服务工作的指导意见》，制订兽医社会化服务组织建设与星级评定管理实施方案，积极稳妥推进畜牧兽医社会化服务改革。培育兽医社会化服务组织136个，创建了覆盖全区的畜牧兽医社会化服务网络，防疫人员技术水平和人均收入大幅提升，各类动物疫病免疫密度和免疫质量明显提高，取得了显著成效。

一、有关背景

长久以来，村级动物防疫员是直接从事动物疫病强制免疫工作的主力，是农村千家万户散养畜禽养殖技术咨询、重大动物疫病强制免疫、配种改良面对面的服务者，是畜牧兽医生产统计的基本力量。2008年4月农业部《关于加强村级动物防疫员队伍建设的意见》（农医发〔2008〕16号），在加强村级防疫员建设方面，提出了加强村级防疫员队伍建设的基本要求。近年来，畜禽养殖逐步从家庭散养走向标准化、规模化养殖，村级防疫员队伍在家庭散养、养殖专业户、养殖合作社和规模养殖企业并存的养殖现状下，面临法律地位不明确、待遇低、服务范围小、诊疗水平不高等问题。为解决基层兽医服务供需矛盾，发挥市场在资源配置中的决定性作用，激发社会力量参与兽医服务的意愿和活力，促进兽医社会化服务供给和服务需求有效对接，宁夏回族自治区大胆探索兽医社会化服务供给新模式，为兽医服务“供给侧改革”提供了思路和借鉴。

二、工作思路

深入贯彻落实党的十九大精神，坚持以习近平新时代中国特色社会主义思想为指导，牢固树立创新、协调、绿色、开放、共享的发展理念，紧紧围绕实施乡村振兴战略和维护“四个安全”兽医工作定位，全面落实兽医法律法规赋予政府、畜禽养殖经营者及相关社会主体的法定责任，以促进建设覆盖全区的兽医社会化服务网络为核心，以引导、扶持、发展、壮大各类兽医服务组织为重点，积极推动兽医社会化服务机制创新，全面构建主体多元、供给充足、服务专业、机制灵活的兽医社会化服务发展格局。

三、主要做法

（一）注重顶层设计，坚持高位推动。一是抓好政策引领。出台《关于推进全区政府购买兽医社会化服务工作的指导意见》，明确了改革的总体思路、目标任务、基本原则和保障措施。各县（区）政府制订了相应的工作方案，明确了责任主体、任务分工和时间表、路线图。多数县（区）党委政府还出台兽医社会化服务改革方案。二是强化政府考核。将推行兽医社会化服务改革纳入自治区实施乡村振兴战略考核之中，赋 3 分，调动了县（区）政府推动改革的积极性。三是加强行政推动。召开了全区兽医社会化服务改革推进会和现场观摩会，加强了目标任务考核和监督检查，对工作滞后的县（区）实行约谈。四是强化经费支撑。动物防疫项目实施方案中明确疫苗经费结余可用于政府购买兽医社会化服务，提高兽医社会化服务组织收入水平。2019 年、2020 年财政预算中专门安排经费 800 万元，用于支持兽医社会化服务组织购买防疫物资、提升服务水平。五是提升服务水平。制订《政府购买兽医社会化服务“评星定级”实施方案》，在全区开展兽医社会化服务组织“评星定级”活动，进一步完善了服务组织各项规章制度、档案资料等。对评定为一、二、三星级的兽医社会化服务组织，由地市级农业农村部门授牌，按星级级别优先予以奖励。

（二）注重机制创新，坚持培育引导。按照“市场运作、项目招标、政府买单、按绩取酬”的方式，积极培育和引导动物诊疗机构、兽药饲料销售企业、兽医技术服务公司、农民专业合作社承担兽医公益服务。主要有三种形式，即由原村级防疫员牵头成立农民专业合作社，由乡镇兽医站或兽药经营企业牵头成立的兽医技术服务公司，由畜牧行业龙头企业牵头成立的畜牧技术服务公司。在服务内容方面，重点做好强制免疫、协助动物检疫、病死动物无害化处理等公益性服务。在业务拓展方面，重点开展免疫副反应补偿、养殖保险、畜禽品种改良等营利性服务。在政策支持方面，对兽医社会化服务组织提供担保贷款和贷款贴息等金融支持。在工作支持方面，积极协助办理营业执照和经营许可证，无偿提供必要的办公场所和设施设备，协调合作社为防疫员购买商业保险。在业务培训方面，加强专业技能培训，将有技术有能力的合作社成员优先登记为乡村兽医，促进合作社从兼职向全职发展。在身份转变方面，加强培训、考核，根据年龄、专业技术能力和服务范围，在新成立的兽医社会化服务机构中对原有村级动物防疫员予以聘任，工作任务、待遇、管理均按照合作社（公司）章程进行规范化管理，不能在新成立的兽医组织中继续聘任的村级动物防疫员，由县级兽医主管部门视担任村级动物防疫员时间长短予以一次性补偿。

（三）注重工作流程，提高监管能力。一是规范了政府购买服务的程序。实行统一公开招标、合同制管理。明确了购买主体和内容，把强制免疫、协助检疫和无害化处理列入政府集中采购目录并及时向社会公布。二是建立科学的利益分配机制。根据购买服务内容及完成数量和质量，分强制免疫、协助动物检疫、病死动物无害化处理三项工作，由乡镇政府分类评价，兑付报酬。三是加强对政府购买兽医社会化服务监管。制定工作流程和考核验收标准，完善兽医服务质量考核验收标准，乡镇政府每年2次对兽医社会化服务组织进行考核。区、市、县定期不定期对改革进展情况进行监督检查，敦促各项工作落实到位。

四、解决的难点问题

（一）明确职责，激发了社会化服务组织活力。一是统筹规划，处理好政府与市场、政府与企业的关系，合理划分职能任务，确保发挥养殖者动物防疫主体责任。具有明显公共属性的工作由政府部门组织实施；常规免疫、诊疗、消毒、检测、兽药使用、无害化处理等技术服务，鼓励由市场提供服务，在政策上、资金上大力进行扶持。二是总结各地好的经验和做法，根据当地的饲养量、饲养模式和饲养水平，探索建立了以公司、合作社为主体，以原有村级防疫员队伍为核心，以强制免疫为主要购买内容，同时开展疫病诊断、人工授精、兽药（饲料）销售的经营活动。

（二）持续推进，培育了多层次的服务主体。一是加大对动物防疫社会化服务组织的培训。帮助兽医服务组织实现技术服务专业化、内部管理规范化、经营管理高效化，为养殖业提供更优质的服务。二是拓展兽医社会化服务组织的收入来源。利用现有防疫队伍和网络，鼓励社会化服务组织将诊疗、饲料、兽药经营结合在一起，全方位为养殖户提供从饲养到管理的一体化服务。

（三）建立机制，推动了政府购买兽医服务。根据实际工作需要，持续增加政府购买兽医社会化服务的项目和内容，确保及时、足额拨付购买服务的费用。根据当地情况适当提高免疫服务收费标准，结合“先打后补”政策，通过持续的经费投入，持续扩大政府购买兽医社会化服务市场，带动养殖企业购买社会化服务需求，培育和促进兽医社会化服务市场持续健康发展。

五、取得成效

截至2019年底，宁夏回族自治区22个县（区）全面完成兽医社会化服务改革任务，以公司或合作社形式注册成立兽医社会化服务组织136个，其中评定三星级组织27个，二星级组织46个，一星级组织20个，未定级组织43个。现有从业人员1 462人，其中大中专以上文化程度297人，占总数的20.3%；高中文化程度297人，占总数的20.3%；初中文化程度669人，占总数的45.8%。每个兽医社会化服务组织平均办公面积113米^2，年均收入约22万元。服务内容主要包括动物疫病免疫、监测采样、疫情排查、疫情报告和防疫消毒、病死动物无害化处理等；部分服务组织开展了兽药饲料经营、人工授精、兽医诊疗、畜牧政策性保险、农资配件及农副产品的销售等业务。2019年全区用于购买兽医社会化服务经费2 964.8万元，各类组织自营收入244.8万元。兽医社会化服务组织全面有序承接了动物疫病强制免疫工作，免疫密度和免疫效果进一步提高，近三年未发生相关病种动物疫情。

2018 年 12 月宁夏回族自治区动物疫控技术人员在盐池县指导社会化服务组织采样

（宁夏回族自治区农业农村厅畜牧兽医局供稿）

把好事办实　把实事办好
湖南省坚定不移地推进病死畜禽无害化处理体系建设

▶**摘要**

近年来，为有效解决病死畜禽带来的环境污染、动物疫病、动物产品安全、公共卫生安全问题，湖南省委、省政府高度重视病死畜禽无害化处理体系建设工作，将体系建设列为重要的民生工作，高层强力推动，高标准要求，加速推进。截至2019年底，全省病死畜禽集中无害化处理、资源化利用体系全面建成，集中处理资源化利用率达到71.67%。监管信息平台已覆盖12个市州、102个县（市、区），定位运输车辆261台，实现收集、转运、贮存、处理各环节全过程监管无缝对接。同时，持续推进病死畜禽无害化处理与生猪保险联动试点工作，取得了明显成效。

一、有关背景

畜禽养殖过程中，不可避免地有一定死亡。据初步测算，湖南省作为养殖业大省，每年需要处理的病死牲畜达到400多万头、家禽上千万羽。如何收集、处理病死畜禽，有效解决病死畜禽带来的环境污染、动物疫病、动物产品安全、公共卫生安全问题？湖南省委书记杜家毫、省长许达哲多次批示加快推进病死畜禽无害化处理体系建设，把病死畜禽无害化处理机制建设列为重要的民生工程，确保"把好事办实，把实事办好"。全省各级层层抓落实，从政策法规、投入保障、保险联动、部门配合等方面着力，加快构建病死畜禽无害化处理长效机制。截至2019年底，全省已建成病死畜禽无害化处理中心29个、病死畜禽收集储存转运中心88个，一个覆盖面广、运转高效、生态环保的病死畜禽无害化处理体系基本建成，确保病死畜禽处理的无害化、减量化和资源化。2019年全省养殖环节无害化处理病死猪集中处理率达71.67%，较2018年提高了16个百分点。

二、主要做法

责任落实到位。2017年病死畜禽无害化体系建设纳入省委省政府对市州政府的绩效考核，2017年8月省政府督查室组织开展了体系建设督查，并印发督查通报；2018、

2019 年纳入污染防治攻坚战考核和洞庭湖农业面源污染防治考核，计入政府绩效评估。2016—2019 年连续四年，省委农村工作会议上省政府与各市州政府签订的《动物疫病防控责任状》中分别明确年度建设任务和要求，要求各地抓紧推进，实现全省病死畜禽无害化处理、资源化利用全覆盖。全省 14 个市州政府先后出台病死畜禽无害化处理体系建设实施意见。

政策法规明确。《湖南省实施〈中华人民共和国动物防疫法〉办法》将病死畜禽无害化处理设施建设列入了政府公共设施建设范畴，设立了病死动物无害化处理的禁止性规定，细化了乡村、城市等公共领域和江河流域弃置动物尸体的处置职责等内容，并增加了处罚条款。在农业农村部《病死动物无害化处理技术规范》基础上，制定了《病死猪无害化处理技术规程》《病死动物高温化制（常压）无害化处理技术规范》等地方标准。从各个层面、各个层次完善了法规制度建设。

经费保障到位。2016 年和 2018 年省财政厅先后出台两次体系建设奖补方案，逐步提高区域性处理中心和收集储存转运中心的奖补幅度，采取“先建后补、以补代投”的形式，每个区域性无害化处理中心建设县奖补 400 万元，县级处理中心建设县奖补 200 万元，收集储存转运中心建设县奖补 30 万～80 万元。省财政同时出台了公共服务领域 PPP 项目前期费用补助资金实施细则，对民间资本投资病死畜禽无害化处理且具有稳定充足经营性收入的 PPP 项目给予前期费用补助。单个项目每年最高补助 1 000 万元，最长补助时间 3 年。长沙、湘潭等地分别出台的地方奖补措施。截至 2019 年底，省财政共下拨奖补资金 1.0 亿元，28 家处理中心完全由社会资本投资建设并运营。

湖南省浏阳市动物无害化处理中心一角

科学规划建设到位。依据全省养殖区域分布情况，湖南省制订了按照“以县为主收集，区域化处理建设”的大体系布局思路。要求各市（州）政府在充分调研的基础上，按照“整合资源、优化规划、合理布局、整体推进”的原则，规划市（州）病死畜禽无害化处理中心、收集储存转运中心建设，并支持各地根据体系建设中出现困难和问题，及时调整优化建设规划，建成的处理中心和收储转运中心已覆盖全省大部分行政区域，其中区域性处理中心规划建设20个，占总数的68.97%。

部门配合支持到位。省政府多次调度省直相关部门支持病死畜禽无害化处理体系建设情况，及时增补自然资源、环境保护等部门为省防治重大动物疫病指挥部成员单位，全省各级各部门齐心协力，积极出台扶持政策，开辟项目建设“绿色通道”，减少审批环节和时限，把支持政策用足用活，形成了责任明确、共同推进病死畜禽无害化处理体系建设的良好局面。发改部门全力支持项目立项审批，保障项目建设、处理和收储转运等环节设施设备的电力供应，并执行农业生产用电价格；住建部门将项目建设用地纳入城乡规划；自然资源部门优先办理用地审批，限期审批，确保项目顺利落地；环保部门将项目环评下放到所在地环保部门审批，减少审批中间环节，在保障公示时间的前提下加快审批进度；税务部门将病死畜禽无害化处理企业纳入环保项目减免税政策；公安消防部门在项目规划、方案设计、初步设计期间加强指导，避免走弯路；银保监部门加强养殖业保险与病死畜禽无害化处理的联动，将病死畜禽无害化处理作为保险理赔的前提条件。

强化监管无死角。为将病死畜禽无害化处理工作落到实处，湖南省及时制定了《湖南省病死猪集中无害化处理操作技术要点》等文件，理清了动物卫生监督机构、养殖场（户）、暂存点、收集储存转运中心、无害化处理中心的职责；规范了病死猪从信息报送、收集、暂存、储存、转运、处理和数据汇总、补助资金申报等各环节监管的“十二张”表格；要求按照“账账相符、账物相符、单随货走、日清月结、环节监管”的要求，实现了收集、转运、处理等环节的痕迹化管理。在此基础上，应用现代电子政务管理思想和信息技术，整合手机APP、移动互联网、地理信息系统、养殖户档案大数据等资源，探索开发了“湖南省畜禽无害化处理监管平台”。2019年全面启动处理监管信息平台，目前已覆盖12个市州、102个县（市、区），定位运输车辆261台，实现收集、转运、贮存、处理各环节全过程监管无缝对接。

（湖南省农业农村厅供稿）

第四节

聚焦重点人畜共患病防控

- 内蒙古自治区
- 西藏自治区
- 青海省

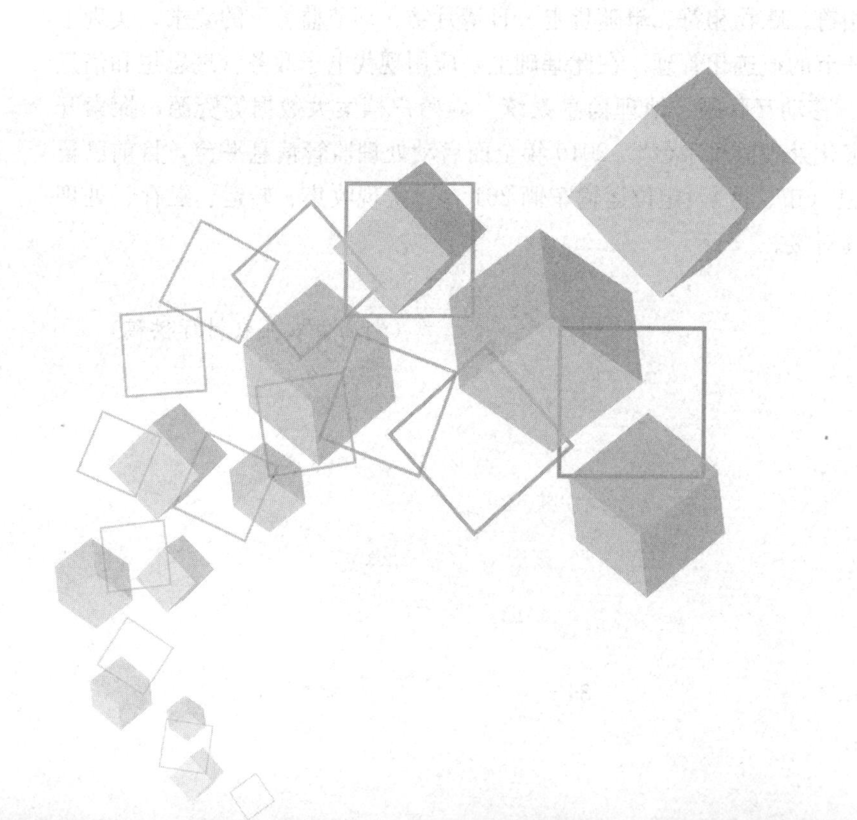

内蒙古自治区持续抓好畜间布鲁氏菌病防控　推进畜牧业高质量发展

▶摘要

多年来，按照内蒙古自治区党委、政府的决策部署，内蒙古农牧厅聚焦聚力布鲁氏菌病防控，畜间阳性率由2011年的2.01%下降到2019年的0.36%，下降82%，疫点数减少80%以上；50%以上旗县达到了控制区水平。全面实施奶牛“两病”防治与净化，完成了奶牛场生物安全条件评估与布鲁氏菌病、结核病基线调查，实施奶畜场群净化，有力保障了畜牧业高质量发展。

一、背景

内蒙古是布鲁氏菌病的高发区，布鲁氏菌病是严重威胁人畜安全的重大传染病。历史上该病在内蒙古流行十分严重，20世纪80～90年代得到有效控制，但近年来疫情反弹，防控形势十分严峻。全区12个盟市、96个旗县都有疫情发生，涉及范围超过了20世纪50～60年代疫情较重时期。2011年全区共有畜间布鲁氏菌病疫点12 940个，其中51%为当年感染的新疫点；人间布鲁氏菌病报告病例20 845例，比上年增加4 241例，病例总数占全国的48.9%，居全国首位。此外，奶牛结核病疫情也有上升趋势，阳性率0.63%。布鲁氏菌病疫情的蔓延扩散，已经严重威胁到人民群众的身体健康和畜牧业的健康发展，若不能及时有效控制，可能发展成为严重的公共卫生安全事件，将对自治区经济发展、社会稳定和人民生命财产安全造成严重影响。

二、工作思路

坚持“预防为主”的方针，树立“以人为本、民生至上”的理念，采取分区防控策略，将全区分为布鲁氏菌病轻度流行区（鄂尔多斯市、阿拉善盟、乌海市、满洲里市、二连浩特市）、重度流行区（其余地区），加强组织领导、强化责任落实、加大经费投入，对不同流行区分别科学采取不同综合性防控措施，逐渐压缩重度流行区，逐步使轻度流行区达到控制区标准，控制区逐步达到稳定控制区标准，有效控制布鲁氏菌病疫情，保护人民身体健康，为促进自治区经济社会又好又快发展作贡献。

三、主要做法

（一）强化组织领导，有序有力推进。自治区党委、政府高度重视布鲁氏菌病防控工作。成立由自治区主席任组长的工作领导小组，统筹推进布鲁氏菌病防控工作，2009年在全国率先将畜间布鲁氏菌病列为自治区重大动物疫病，全面实施强制免疫。自治区政府印发了“十二五”布鲁氏菌病防控工作实施方案，各级农牧业部门切实把布鲁氏菌病防控责任抓在手上，扛在肩上，成功实现了布鲁氏菌病畜间感染率下降一半以上的总体目标。2020年，内蒙古自治区农牧厅坚持问题导向、目标导向，连续3年将布鲁氏菌病纳入自治区党委政府的农牧业高质量发展10大“三年行动”，层层压紧压实责任，强化措施保障，到2020年，全区50%以上旗县达到控制区标准，30%以上的旗县达到稳定控制区标准。

（二）建立长效机制，提升保障能力。布鲁氏菌病防控工作的落地落实，必须依靠长效、有力的工作机制。一是建立经费保障机制。内蒙古将布鲁氏菌病防控经费列入财政预算，由自治区、盟市、旗县分级投入，2012年以来，自治区本级每年投入近1亿元。同时，为激发基层防疫员工作积极性，实施绩效管理，在防疫员补助的基础上，每有效免疫1头（只）牛/羊再专项补贴0.5元，提升免疫密度和质量。二是建立牲畜移动管控机制。一方面，设立了20处公路动物卫生监督检查站指定通道，严格限制易感动物从高风险区向低风险区调运，禁止免疫旗县和免疫场群的牛羊向非免疫区流动；另一方面，严格产地检疫出证，严厉打击屠宰、贩运等关键环节违法案件，严防病畜移动。三是建立督查通报机制。由自治区开展专项督查，及时发现问题、解决问题，定期向各盟市、旗县通报有关情况，督促工作推进。每年重点对1/3的工作推进缓慢的盟市进行约谈，提出了整改意见，限期整改落实。

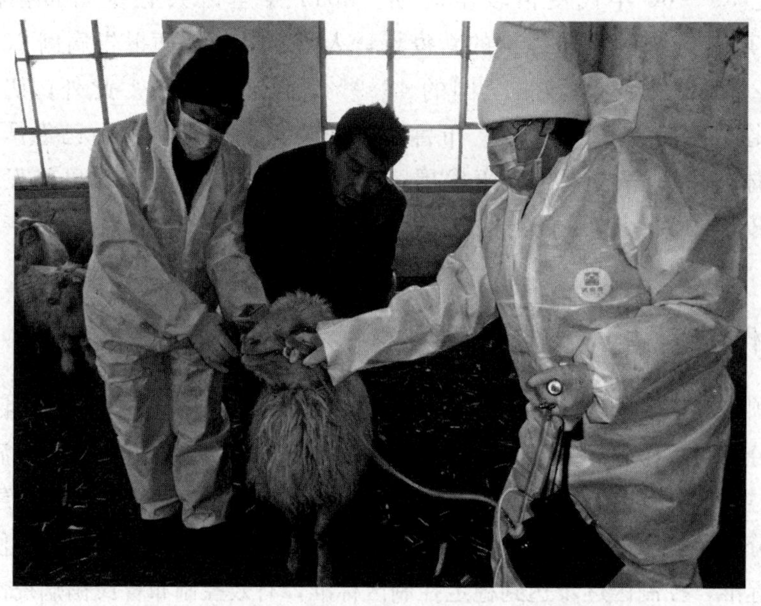

巴彦淖尔市兽医人员对羊进行布鲁氏菌病灌服免疫

（三）坚持创新突破，实现科学防控。布鲁氏菌病防控始终坚持创新突破的工作导向。一是创新防护举措。针对免疫和监测采血两个关键环节实行“双压尘、双封闭”，对圈舍、场地实行压尘消毒，疫苗免疫实行封闭稀释操作，采血使用封闭负压采血器材，有效降低粉尘吸入性感染和人畜接触性感染风险，确保防疫人员安全。二是开展科学监测。监测采样注重点面结合，充分考虑畜群分布和畜龄范围，做到三个50%和三个1/3，即每个旗县监测覆盖50%苏木乡镇、苏木乡镇覆盖50%嘎查村、嘎查村覆盖50%畜群，监测采样3月龄以上未免疫羔羊占1/3、1周岁后备羊占1/3、成年羊占1/3。同时，坚持月月疫情分析、季季召开疫情分析会议和年度总结分析，及时掌握疫情形势，讨论研究巩固扩大防控效果的工作思路。三是强化溯源灭点。对新发病例和病畜，通过人、畜双向流调，对涉及的畜群开展溯源、流调、监测，坚决扑杀病畜，坚决拔除疫点。同时，在冬春季节集中开展消毒，重点抓好新老疫点和养殖场所、交易市场等关键环节的消毒灭源。四是实施建档立卡管理。建立和规范布鲁氏菌病防控档案管理制度，特别是对布鲁氏菌病疫点建档立卡，实行一点一档、一畜一案，做到长效管控，严防虚报冒领扑杀补贴。

（四）完善联防联控，形成防控合力。一是各级农牧、卫健、公安、交通等部门本着“各司其职，各负其责，信息互通，及时准确，同级协作，资源共享”的原则，建立联防联控合作机制。二是按照国务院有关文件规定，农牧部门会同有关部门提出基础设施建设、动物防疫所需经费计划和绩效目标等。发展改革部门加强动物防疫基础设施建设。财政部门根据动物防疫工作需求，保障动物防疫经费。交通运输部门严格落实运输车辆备案管理和指定通道运输制度，加强运输过程监管。公安部门加强动物防疫有关案件侦办，加大流通环节违法违规行为的打击力度。三是强化信息共享和措施联动，形成防控合力。实行部门例会制度和疫情信息通报制度，每10天互通一次信息，共同分析疫情和研究防控策略，共同采取措施，处理人畜间疫情，联合开展检查指导，共同进行宣传教育与行为干预，形成布鲁氏菌病防控工作合力。

（五）加强宣传培训，营造良好氛围。宣传培训是提升布鲁氏菌病防控意识和能力的重要举措。一是实施分级培训，提升防治能力。自治区和盟市重点培训防疫技术师资力量，指导基层科学规范地开展布鲁氏菌病防控工作，旗县重点培训技术骨干，提升基层防疫员能力水平，全区每年培训防疫人员3.8万人次。二是紧盯重点人群，提高防治意识。通过专题培训，印发挂图、手册等宣传资料，宣传布鲁氏菌病防控政策、防控知识，针对农牧民、养殖户、牲畜交易经纪人等高风险人群，进行专门的健康教育和技术培训，提高布鲁氏菌病防治和自我防护意识。三是广泛宣传教育，做到家喻户晓。内蒙古自治区农牧厅与内蒙古广播电视台建立长期合作关系，开辟了“我们在行动”和“12316专家咨询三农热线”等专栏，持续开展布鲁氏菌病防治科普宣传，营造全社会共同关心布鲁氏菌病防控的良好氛围。

四、取得成效

布鲁氏菌病畜间阳性率下降82%，由2011年最高的2.01%下降到2019年的0.36%；

人间报告病例由 2011 年 20 845 例下降到 14 148 例，降幅为 32%，近 50%旗县达到了控制区标准，全面实施奶牛“两病”防治与净化。实现了“四下降、五提高”，即人间、畜间疫情同步下降，人间患病率、畜间感染率下降；全社会认知度和农牧民自我保护意识广泛提高，社会经济效益明显提高，布鲁氏菌病防控能力显著提高，兽医工作地位和影响不断提高，经费保障、部门协作、联防联控能力明显提高。

（内蒙古自治区农牧厅供稿）

西藏自治区筑牢公共卫生屏障　守护生命健康

▶**摘要**

2016年以来，在西藏自治区党委、政府的正确领导下，在中央有关部委的大力指导下，西藏各级农业农村部门组织开展了迄今为止规模最大、范围最广、措施最全的畜间包虫病防治攻坚行动，有效控制了畜间包虫病的传播和流行，阻断了由畜向人的传播途径，为全区包虫病综合防治工作取得重大决定性进展做出了应有贡献。

一、构建防控工作体系

根据西藏自治区人民政府办公厅印发的《西藏自治区包虫病综合防治工作方案（2017—2020年）》，农业农村部门加强领导、细化措施、狠抓落实、强化监管，制订了《全区家畜包虫病防治工作方案（2017—2020年）》《西藏自治区家畜包虫病防治技术规范》，为家畜包虫病防治工作提供了技术依据。成立了西藏自治区包虫病综合防治工作指挥部分办公室，由厅主要领导任组长，下设综合组、技术指导组、检疫监督组，7个地市也成立相应的工作机构，形成了工作合力。

近年来，各级农业农村部门坚持“预防为主、标本兼治、综合治理、联防联控”原则，切实落实以传染源控制为主的综合防控策略，建设了“三大体系”，一是紧紧围绕家畜包虫病防治重点任务，充分发挥畜牧、兽医、草原等多部门职能，建立农业农村系统内部各部门职责清晰、运转高效的包虫病综合防治工作体系；二是整合现有动物防疫支持政策和建设项目，统一规划、合理布局，建立重大动物疫病防控与包虫病等人畜共患传染病防治紧密结合的动物防疫体系；三是遵循家畜包虫病防治规律，充分调动兽医行政、技术支撑、执法监督部门力量，建立科学、系统、实用的家畜包虫病防治技术体系。2016年将包虫病危害严重的22个县列为综合防控试点县，2017年将试点县扩大到52个，2018年开始将西藏自治区所有县区纳入包虫病综合防治范围。实施了羔羊免疫、犬驱虫、病害脏器无害化处理、村居周边草原鼠害综合治理、宣传教育、兽医个人防护和部门协作“七大措施”。在山南市组织召开了家畜包虫病防治现场会，自治区本级累计举办包虫病专题培训班9期，市地、县区两级调查防治技术培训班百余期，各级投入资金1.4亿元，有力推进了家畜包虫病防治工作。

二、控制畜间传染源

（一）截至2019年，通过中央转移支付和自治区财政支持，累计投入资金5 623.88万元，集中采购羊包虫病基因工程亚单位疫苗2 811.94万头份，按照规范要求免疫新生羔羊1 400余万只，免疫密度达到90%以上，有效降低了羊棘球蚴的感染率。

（二）截至2019年，自治区和各地市累计投入资金近1 000万元，保障犬驱虫药品供应。各地市农业农村部门全面组织实施犬驱虫工作，做到“犬犬投药、月月驱虫”，全区累计完成犬驱虫1 000余万次，督促各行政村安排专门人员对犬粪进行掩埋，配合乡（镇）人民政府对犬驱虫和犬粪处理情况进行随时督查指导。从2019年起在林芝市试点使用对犬只更为适口的吡喹酮咀嚼片进行犬只驱虫，犬只自动吞服率达到94.44%，提高了犬驱虫的效果，降低了劳动强度。

（三）加强牛羊定点屠宰管理。严格按照《生猪屠宰管理条例》和农业农村部要求，制定下发《西藏自治区畜禽定点屠宰厂（场）设置规划（2018—2020年）》《西藏自治区畜禽定点屠宰厂（场）设立程序（试行）》《西藏自治区牛羊定点屠宰场标准化建设要求》，截至目前，全区由市级人民政府共向8个牛羊定点屠宰场颁发了牛羊定点屠宰证，涉及拉萨市1个、日喀则市2个、山南市1个、昌都市2个、那曲市2个。同时在每年冬季集中屠宰期间，全区各县乡动物检疫人员以及村防疫员均到牛羊定点屠宰点屠宰现场进行检疫，对包虫病病变脏器进行统一收集及无害化处理，有效切断了棘球蚴在畜、犬、人之间的传播。

（四）做好宣传教育工作，对参与集中屠宰工作的工人及相关人员进行重点宣传，突出对屠宰人员健康教育，在乡村屠宰人员中开展以不丢弃牛羊病变脏器、不用病变脏器喂犬等健康教育活动，增强自我防护能力和参与防治工作的自觉性。引导农牧民对自宰自食牛羊中发现的病变脏器进行焚烧、深埋等无害化处理，严禁将病变脏器喂犬或随意丢弃。

（五）全面监测评估自治区畜间包虫病3年防控工作效果。2018—2019年，根据国家包虫病中期评估要求，自治区财政投入资金近1 500万元对自治区畜间包虫病防控工作情况进行了全面评估。根据自治区动物疫病预防中心3年来连续监测结果分析，全区羊棘球蚴的感染率总体有明显下降，2016、2017、2018年阳性率分别为44.72%、20.16%、11.04%，2018年自治区牛血清抗体阳性率为11.16%、羊血清抗体阳性率为11.04%、犬粪抗原阳性率为3.86%。羊感染率持续下降、犬阳性率低于牛羊，有力证明了全区三年以来的羊免疫、犬驱虫等工作取得了实效，畜间传染源得到了初步控制。

（六）开展雌性家养犬绝育手术和犬驱虫智能项圈试点工作。近几年，那曲市色尼区安排专项经费对全区12个乡镇721只家养雌犬全部进行绝育手术，山南市流浪犬收容所对3 012只雄犬进行绝育手术均在手术后进行随访，无死亡案例，相对减少了犬只的繁殖，控制了棘球蚴的终末宿主，保障人民群众健康。2019年，那曲市色尼区试点开展犬

西藏自治区农业农村厅对牧民开展包虫病防治宣传教育

驱虫智能项圈试点工作，实现了 1 次佩戴、精准投药、1 年驱虫的数字化智能管理，有效保证了投药率和驱虫率。

三、畜间包虫病防治工作存在的困难

一是个别地方畜间包虫病疫情仍然较重，部分地区动物包虫病感染率非常高，包囊主要寄生在肝、肺、肠及脑部。其中全区日喀则市牛羊解剖感染率最高，平均感染率高达 68.52%，其次为林芝市，平均感染率 35%；二是防治经费仍然不足，无法按照《西藏自治区包虫病综合防治工作规划（2017—2020 年）》规定的每年对羊群加强免疫一次，导致羔羊成年后免疫抗体下降再次感染；三是牛羊定点屠宰点建设没有中央资金投资渠道，一直未能落地实施，导致病变脏器无害化处理措施未完全落实；四是流浪犬、无主犬驱虫难度大；五是家畜包虫病防治机构能力建设亟待加强；六是畜间包虫病防治工作的宣传力度不够，对包虫病防治工作的认识仍需进一步提高。

（西藏自治区农业农村厅供稿）

青海省突出落实“七抓七推” 畜间包虫病防治取得阶段性成效

▶**摘要**

《青海省防治包虫病行动计划（2016—2020年）》实施以来，全省各级兽医部门牢牢把握包虫病源头防控这个核心，全面实施犬驱虫、羊免疫、健康教育、无害化处理和区域灭鼠“五位一体”防治策略，扎实开展“七抓七推”，畜间包虫病防治成效显著，与2016年相比，犬粪棘球绦虫抗原阳性率、牛包虫感染率、羊包虫感染率分别下降6.97、6.1、14.8个百分点。

一、抓机制建设，推进任务落实

《青海省动物防疫条例》《青海省畜禽屠宰管理办法》出台实施，《青海省畜禽屠宰管理条例》刚刚颁布，将于2021年1月1日实施。起草《青海省犬只规范管理办法》，召开以包虫病为重点的全省重大动物疫病防控工作会议，将畜间包虫病防治工作纳入年度目标任务，层层签订目标责任书，强化绩效考核，推进工作落实。实行防治情况月报告制和通报机制，及时了解防治工作进展情况，通报存在的问题，督促整改落实。组建专家组和8个包虫病防治蹲点技术指导组，包市包州全程督导。

二、抓示范引领，推进管理提升

制订《青海省免疫无疫区建设方案》，在环青海湖地区建设牛羊免疫无包虫病区。制订《青海省家畜包虫病布鲁氏菌病防治示范县创建活动实施方案》，在玉树、达日和玛沁等14个县（市）开展示范县创建，黄南州泽库县麦秀镇开展了畜间包虫病防治示范乡镇创建。召开全省畜间包虫病防治现场观摩会，举办2019年海外赤子高原行暨包虫病等人畜共患病防控基层服务活动，总结交流防控经验，补齐工作短板。

三、抓经费投入，推进设施建设

在中央财政动物防疫补助经费减少情况下，仍然安排畜间包虫病防治专项经费，形成了稳定投入机制，重点支持全省犬驱虫、羊免疫、健康教育、监测评估、技术培训等工作。争取动植物保护能力提升工程项目资金1亿元，建设动物疫病监测区域中心3个，建设牧区动物防疫注射栏等专用设施2 700余套，建设入省动物指定通道防疫监督检查站19

个。各地在自身财力有限的情况下，千方百计加大支持力度，落实动物防疫经费，改善基础设施条件。

四、抓综合施策，推进源头控制

实施犬驱虫、羊免疫、健康教育、无害化处理和区域灭鼠“五位一体”防治策略，在全省继续开展“犬犬投药、月月驱虫”，在20个县对新生羔羊进行强制免疫，对周岁羊进行强化免疫，开展居民定居点及外周1千米半径范围内开展灭鼠行动。2020年以来，全省累计驱虫家犬185万只（次），流浪犬3万只（次），无害化处理犬1 540只；调拨羊包虫病疫苗1 132万头份，免疫羔羊506万只。加强屠宰检疫和染病脏器无害化处理监管，屠宰检疫牛羊25万头只，检出并无害化处理病害牛羊产品3吨。

青海省动物防疫人员开展畜间包虫病无害化处理工作

五、抓监测评估，推进防治效果

制订年度监测方案，开展犬粪抗原阳性率、犬棘球绦虫感染率、牛羊棘球蚴感染率、免疫抗体合格率等终末宿主和中间宿主防治、感染情况进行监测调查，根据监测情况查漏补缺。每年春秋两季集中开展防治效果评价考核，并向全省通报，责成防治效果不理想的地区查找漏洞，分析原因、制订方案、落实责任、抓好整改。2018年开展畜间包虫病防治中期评估，2020年正在进行终期评估。

六、抓宣传教育，推进群防群治

依托《青海日报》、“青海兽医网”“青海动物卫生监督网”“12316”“青海兽医”微信公众号等媒体和平台，利用开展“传递爱心，守护健康，全国兽医在行动”主题公益宣传活动和全省包虫病防治综合宣传活动等，组织兽医服务进农牧区、进养殖场（户）、进屠宰场、进校园、进街道社区、进寺院、进兽药店，开展广泛深入的包虫病防治宣传，发放藏汉两种文字的《防治宣传卡》《包虫病防治知识宣传手册》《防治知识 30 问》、情景剧《格桑花开》光盘、《畜间包虫病防治知识》宣传片和宣传手环、宣传围裙、纸杯、无纺布袋等 65.9 万份，累计发送“包虫病防治 26 字诀”公益短信 700 多万条。

七、抓科研培训，推进技术提升

支持青海大学、青海省动物疫病预防控制中心等单位，开展《无主犬及野生犬科动物野外投放驱虫药剂研究》《牦牛棘球蚴包囊可育囊率测定》《无害化犬粪收集技术研究》《犬棘球绦虫抗原快速检测试剂研制》《棘球蚴病基因工程疫苗免疫牦牛效果试验》和《犬棘球绦虫疫苗研究》等技术研究工作。加大技术培训力度，省、州、县培训人员 10.22 万人次，提高了基层兽医人员的技术水平。连续举办 5 届动物防疫技能大赛、7 届动物检疫技能大比武活动，激发全省兽医人员“学知识、比技术、争能手”的积极性、主动性，推动兽医行业高技能人才队伍建设。

（青海省农业农村厅供稿）

第五节

强化动物疫病净化和消灭

- 上海市
- 河南省
- 四川省
- 新疆维吾尔自治区

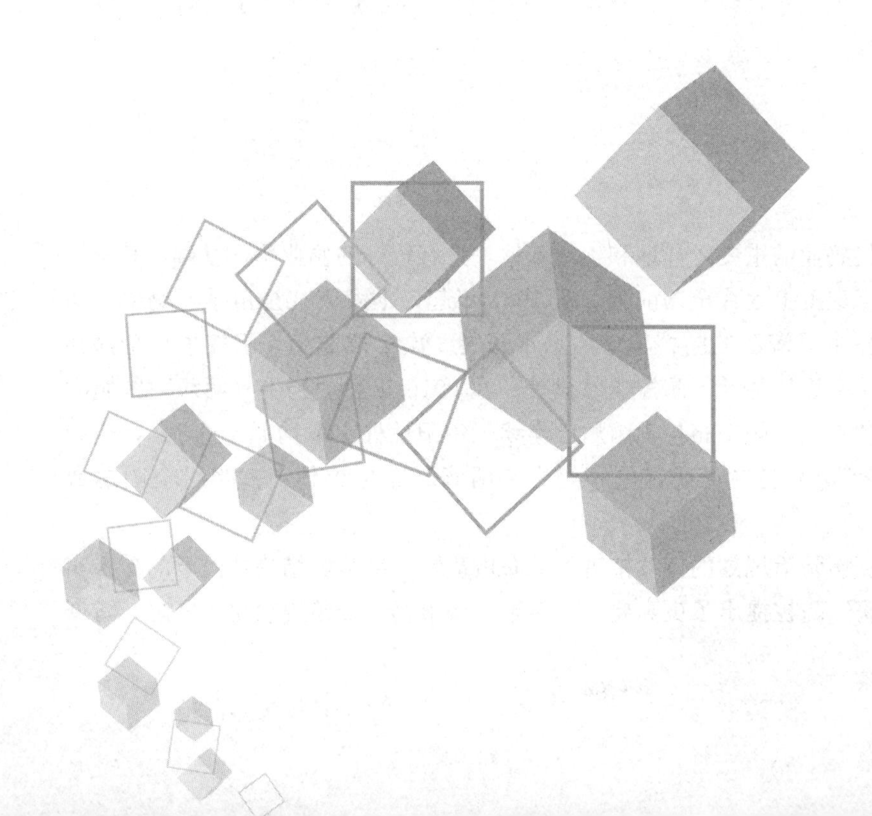

上海市崇明区奶牛“两病”区域净化的探索与实践

▶**摘要**

奶牛布鲁氏菌病和牛结核病（简称“两病”）是两种重要的人畜共患病，是优先防治的动物疫病病种。实现奶牛“两病”净化，对保障我国公共卫生安全，促进畜牧业健康发展和振兴民族奶业具有重要意义。上海市历来重视奶牛“两病”净化工作，从1983年起就每年对全市奶牛开展2次全覆盖的“两病”监测，坚决淘汰阳性牛只，为实现奶牛“两病”区域净化夯实了基础。2016年，在中国动物疫病预防控制中心的大力支持下，上海市在崇明区启动了奶牛“两病”区域净化示范区建设工作，通过3年不懈努力，逐步探索出一套以奶牛“两病”风险评估分级体系、“两病”监测系统和风险管控系统为核心的区域净化模式。2019年11月，上海市崇明区奶牛“两病”区域净化示范区顺利通过国家评估验收，崇明区成为国内首个奶牛“两病”区域净化示范区，也是我国首个主要动物疫病区域净化示范区。通过净化示范区建设，崇明区域内奶牛及相关风险动物的“两病”监测阳性率全部降为0，奶牛的单产产量、乳品品质和繁殖率明显提高，公共卫生安全水平和奶业生产水平有效提升，有力推动了上海奶业在“生态优质高产高效”的道路不断阔步前行。目前，崇明区奶牛“两病”区域净化模式已被全国18个省份借鉴推广，产生了良好的经济效益和社会效应。

一、有关背景

上海市是我国现代奶业的重要发祥地和生产基地，具有较好的奶业生产基础，其中奶牛“两病”防控在一定程度上走在全国前列。从1983年起，上海就在全市推行奶牛“两病”全覆盖监测和阳性牛只淘汰的防控策略，每年开展2次全群监测，阳性牛只全部扑杀，奶牛“两病”阳性率逐年降低，防控成效显著。在2016年启动奶牛“两病”区域净化前，牛结核病已连续4年、奶牛布鲁氏菌病已连续7年阳性检出率均低于0.1%，达到稳定控制标准；同时有5个奶牛场通过国家奶牛“两病”净化评估，占当时全国总数的18%。

国家中长期动物疫病防治规划的持续推进和上海市畜牧业供给侧结构性改革的深入实施，对上海奶牛“两病”防控提出了更高要求。鉴于上海市奶牛养殖规模化程度高、防疫体系健全、产业体系完善、工作经费充足，以及崇明岛得天独厚的地理优势，2016 年初，上海市进一步开拓思路，大胆创新、先行先试，积极探索开展奶牛“两病”区域净化示范工作，集成推广区域净化模式，示范引领全国奶牛“两病”净化工作。同年 3 月，在全国动物疫病防控工作会议上，上海市崇明区奶牛“两病”区域净化模式正式被确定为全国两个区域净化模式试点之一。2017 年，中国动物疫病预防控制中心与上海市农业委员会签订合作框架协议，深入实施奶牛“两病”区域净化示范区建设工作。

二、工作思路

一是坚持政府主导企业主责，即由政府部门定目标把方向，统筹制订奶牛“两病”净化工作方案，由奶牛养殖场及相关企业落细落实落地，具体负责开展奶牛“两病”净化工作；二是坚持分级管理因场施策，建立奶牛“两病”风险评估分级体系，将奶牛场分为高、中、低 3 个不同风险群，根据每个场情况制订不同的监测和风险动态管理方案，做到一场一策；三是坚持全程监管全面覆盖，遵循全链条、全过程危害关键点控制原则，建立完善区域生物安全体系，形成横向到边、纵向到底、层层递进、环环相扣的净化监管模式；四是坚持严格监测精准剔除，按照主动监测和被动监测相结合，感染监测和病原监测相结合的原则，采用水平净化策略开展监测净化，对阳性牛只实现早发现、快反应、严处置。

三、主要做法

奶牛“两病”区域净化是一项全新的工作，没有现成的经验和模式可参照。上海市解放思想、积极实践，通过创新管理机制，集成防控技术，取得了良好成效。

在创新管理机制方面：一是明确职责，严格考核。印发上海奶牛“两病”区域净化工作实施方案，明确工作目标、职责分工和保障措施，成立区域净化工作协调组、评估专家组和工作组，加强组织领导和技术保障；同时将区域净化工作列入市农业农村委重点工作以及各相关单位和奶牛场的目标绩效管理体系，严格目标考核。二是奶价挂钩，价格联动。将奶牛场“两病”监测净化情况纳入上海市奶源按质论价指标体系，对“两病”监测阴性的奶牛场奶价实施分级奖励，对监测阳性的奶牛场奶价实施分级惩罚，提高奶牛场的积极性和主动性。三是奶牛保险，扑杀补偿。设立财政专项补贴，由上海市安信农业保险公司为全市所有奶牛养殖场提供保险服务，补偿因“两病”监测阳性扑杀造成的损失，解除奶牛场后顾之忧。

在创新技术集成方面：一是基线调查，风险分级。在基线调查的基础上，创新引入 OIE 输入性风险评估、内部风险因素逻辑回归等先进技术，结合“两病”史，国内首次建立奶牛场“两病”风险评估模型、标准和评估分级体系，每年开展一次场“两病”风险评估分级，将奶牛场划分为“两病”的高、中、低三个风险级别。二是优化方法，动态监测。在综合评价各种方法的敏感性和特异性的基础上，创新整合“两病”检测方法，将牛结核病 IFN-γ试验和布鲁氏菌病竞争 ELISA 方法等纳入监测体系，形成一套高效监测系统。为实施精准监测，创新将区域划分为奶牛场、核心区、监控区、缓冲区、辐射区和移动控制通道等，对不同区域按病种、动物种类、风险级别制订不同的抽样方案，大大加快了监测净化效率。三是一场一策，全程监管。对不同风险等级的奶牛场针对性制订净化方案，实施一场一策、分类管理的精准净化策略。逐月收集和分析区域净化关键信息，对“两病”传入、传播的可能途径和关键控制点进行风险评估和风险管理，建立生物安全综合防控体系。区域内增设无害化处理机构，建立以奶牛身份档案管理为抓手，以流动性监管为核心的立体监管模式，将奶牛监管覆盖到奶牛生命的全周期、产业的全链条，持续降低区域整体风险。

四、实施成效

通过3年的探索和实践，上海市崇明区奶牛“两病”区域净化各项指标均达到标准，于2019年11月成功通过国家评估验收。其间，崇明区共监测奶牛结核病103 931头次，布鲁氏菌病95 091头次；共监测核心区、监控区及缓冲区的羊、水牛、猪、鹿等风险动物2 081场次，27 499头次；区域内所有奶牛及其风险动物“两病”监测阳性率全部降为0，所有高风险场全部降为低风险场，所有奶牛场均达到“两病”净化示范场标准并通过考核验收，从源头上进一步保障了舌尖上的安全。

2019年10月动物防疫专家在上海市某奶牛场进行现场指导

在经济效益上，奶牛“两病”区域净化进一步夯实了奶业健康发展的基础，奶牛单产达到世界先进水平，奶源质量超过欧美标准，取得了显著的经济效益。据统计，区域内奶牛的乳房炎发病率由项目实施前的3.2%，下降到1.9%，年均每生产1吨牛奶使用的抗菌药由项目实施前的6.48g，下降到2.28g，抗菌药减量幅度明显；平均体细胞数由项目实施前的30.83万个，降低到目前的17.29万个，细菌数由项目实施前的3.97万个，降低到目前的0.79万个，奶源质量达到近20年来最好水平；区域内成乳牛平均单产达10 432千克，比项目实施前增长14.21%，创历史最高水平；奶牛繁殖率达到79.8%，增长了5.8%，生产效率明显提升。

在社会效益上，通过奶牛“两病”区域净化工作，建立了市、区、乡镇三级兽医行政、疫控、监督与奶协、乳企、牧场、饲料场等单元协调联动机制，管理效能大幅提升；提高了区域生物安全水平，实现并维持奶牛及猪、羊等风险动物的净化，大大降低人畜共患病的传播风险；探索出一套奶牛“两病”区域净化的上海模式，有效促进了上海奶业“生态优质高产高效”发展，同时为兄弟省份提供了可借鉴的先行经验和管理模式。

（上海市农业农村委员会供稿）

创新机制　多措并举　河南省推动动物疫病净化工作再上新台阶

▶摘要

为认真落实国家和河南省《中长期动物疫病防治规划（2013—2020年）》及中办国办《关于创新体制推进农业绿色发展的意见》，河南省按照国家总体部署，从种畜禽场主要动物疫病净化工作入手，采取强化顶层规划、行政持续推进、提供技术保障等措施，落实项目支持、“红黑榜”公示、行政许可、处置跟踪、奶牛布鲁氏菌病净化普查五项制度，建立目标考核、积分管理、行政约谈、联防联控、第三方联动等工作机制，有力推进了全省净化工作。先后有102家种畜禽场被国家和河南省授予“动物疫病净化创建场/示范场”，总数量位居全国第一。通过持续推进净化工作，全省重大动物疫病得到有效控制，主要动物疫病净化效果显著，畜产品质量安全水平不断提高，推动了河南现代畜牧业的健康发展。

一、净化背景

《国家中长期动物疫病防治规划（2012—2020年）》和《河南省中长期动物疫病防治规划（2013—2020年）》，提出“畜禽健康促进策略”，健全种用动物健康标准，实施种畜禽场疫病净化计划，对重点疫病设定净化时限，这是从源头控制动物疫病的有效手段。为此，河南省高度重视，深入养殖场户调研，广泛查找政策依据和法律依据，多层次征求意见，开展座谈讨论，逐步形成了以下共识：开展动物疫病净化是贯彻落实国家和河南省中长期动物疫病防治规划的重要抓手，是养殖企业降低防控成本、提高防控质量和提高企业竞争力的有效手段，是促进畜牧业健康发展、维护畜产品质量安全的基础保障，是抓住了动物疫病科学防控的“牛鼻子”。因此，从2013年开始，按照国家总体部署和要求，统一思想认识，河南省积极探索动物疫病净化模式，着力破解制约动物疫病净化的关键性问题，建立健全长效机制，强化条件保障，持续推进动物疫病净化工作。

二、主要做法

（一）行政推动有力。一是各级领导高度重视。河南省政府制定了《河南省中长期动物疫病防治规划（2013—2020年）》，明确提出了净化工作的总体要求、目标任务，确定了净化的畜种、区域、病种以及时间表和路线图。省农业农村厅每年将种畜禽场净化工作列入全省畜牧兽医工作重点，主要领导亲自抓。各地按照全省统一部署，明确目标，制订措施，调动各方积极性、主动性和创造性，保障了净化工作有序开展。二是制订严密推进方案。2013 年印发《河南省种畜禽场和奶牛场（小区）主要动物疫病净化工作意见》，2016 年又印发《关于进一步加强种畜禽场主要动物疫病净化工作的通知》，进一步明确了畜牧兽医行政部门、疫控机构和卫生监督机构的具体任务和职责分工。2017 年制订了《河南省种畜禽场主要动物疫病净化工作方案（2017—2020 年）》，2020 年下发了《关于开展 2020 年“河南省动物疫病净化示范场/创建场”评估验收和首批“河南省动物疫病净化示范场”复评估的通知》，持续推进疫病净化工作。三是加大政策扶持力度。各级政府不断加大动物疫病净化工作资金投入，把疫病净化各类资金列入财政预算，2017 年省本级仅监测经费就增加 1 043 万元，2019 年省、市、县财政投入 1 亿多元用于全省兽医实验室改造提升，全省县（区）级实验室落实监测经费 2 485 万元，为全面开展净化监测工作提供了保障。同时，各地优化、合理运用动物防疫补助资金、病死猪无害处理补助配套资金、扑杀补助资金和生猪、奶牛保险资金等，确保净化监测阳性动物得到规范处置和无害化处理，有力促进了动物疫病净化工作。四是开展省级评估验收。河南省在积极争创国家动物疫病净化示范场/创建场的同时，按照国家标准对省管种畜禽场开展了省级“两场”净化评估，对达到净化标准的企业，由省农业农村厅颁发牌匾和证书，发文通报，网上公示，并作为优先推荐参加国家“两场”评估验收依据。

（二）技术保障到位。一是开展技术培训。按照“分级负责，逐级培训”的原则，各级疫控机构每年定期组织净化技术培训班，对种畜禽场净化工作负责人和全省净化技术骨干开展净化专业技术培训，积极推广动物疫病净化集成技术，加大科技成果转化力度，推动净化工作深入开展。二是技术规范引领。制定了《规模化猪场生物安全技术规范》《规模化奶牛场生物安全技术规范》《规模化蛋鸡场生物安全技术规范》等河南省地方标准，引领全省种畜禽场开展净化工作。三是强化净化监测。建立了疫病净化科学分析评估制度，定期开展净化监测分析评估，为种畜禽场开展疫病净化提供科学指导。

（三）责任落实到位。一是落实养殖企业主体责任。通过采取“两书、两制”（净化开展告知书、承诺书、黑名单制度、举报制度）等形式，强化种畜禽场落实净化工作主体责任；通过宣传、激励等形式，增强种畜禽场开展净化工作的责任意识，使企业充分认识到动物疫病净化是种畜禽场义不容辞的责任。目前河南省 513 个种畜禽场均积极响应号召，制定了净化时间表并上报省疫控中心备案。二是落实技术部门指导责任。成立了动物疫病净化认证专家组，分期分批深入种畜禽场按照“一场一策”“一病一案”的原则，开展“一对一”技术指导和服务，并建立技术指导档案，定期对技术指导工作进行抽检评估，在推进过程中，如出现技术指导失误造成损失者，省市畜牧部门要严查深究，并给予严厉惩处和社会曝光。三是落实监管部门监督责任。制定了“政府主导、行政监管、疫控机构技术支持、监督机构依法监督”的净化工作责任制，每年对辖区内通过国家级和省级净化评估认证的种畜禽场实施监督抽检和定期检查，对不按规定规范处置净化监测阳性动物的行为，由动物卫生监督部门依法查处。依法查处不及时或出现遗漏的，卫生监督部门要负全责。

2019 年 11 月动物防疫人员在平顶山市开展养殖场净化评估工作

（四）机制体制创新。一是创新各项制度。实行项目支持制度，对通过净化认证企业，加大项目扶持和技术支持的力度；实行“红黑榜”公示制度，在《河南省畜牧业信息港》上设立公示专栏，对通过国家和省级“两场”评估的企业红榜公布。对极个别不主动开展疫病净化、拒绝监督抽检的企业黑名单公布；实行行政许可制度，将动物疫病净化工作与种畜禽生产经营许可证换发挂钩；实行监测阳性动物处置跟踪制度；实行奶牛布鲁氏菌病净化普查制度。二是严格目标考核。河南省将净化工作纳入重大动物疫病目标管理体系，层层签订目标管理责任书，强化绩效考核，奖惩落实兑现。三是强化积分管理。将净化工作纳入《河南省动物疫病综合防控能力积分制管理办法》中，并且加重其积分权重，督促各级疫控机构重视对净化工作的技术支撑。四是实行行政约谈。年终净化工作考核后，省厅对净化工作消极应付、推进不力的市县畜牧部门负责人和拒不开展净化及净化评估不达标的企业法人进行约谈。对约谈后拒不整改的，实行全省通报并依法查处。五是建立联防联控机制。建立了省级畜牧与卫生健康部门布鲁氏菌病联防联控机制，建立了伏牛山区和太行山区布鲁氏菌病区域联防联控机制，按照责任分工，开展净化普检和督导检查，齐心协力、齐抓共管。六是探索第三方联动。加强与科研院所、大专院校和第三方动物疫病检测实验室的合作，共同分析预警，实现数据、资源共享，为养殖场净化提供监测服务。

三、解决难点问题

一是解决了思想认识问题。由不想干、不愿干、不敢干到主动干、积极干、争着干，调动了各方面的积极性、主动性、创造性。二是解决了技术集成问题。由单病种到多病种，净化集成技术更加成熟。三是解决了生物安全防护问题。净化企业的生物安全防护意识从无到有，由弱变强。四是解决了净化工作瓶颈问题。全省净化工作范围不断扩大，由点到线，由线到面，整体推进。五是解决了县级净化监测及监督能力不足问题。投入 8 800 万元对全省县（区）级兽医实验室进行了提升改造，目前 109 个县级实验室具备病原学检测和非洲猪瘟病毒检测能力，为全面开展净化监测和净化监督提供了保障。

四、取得成效

一是重大动物疫病得到有效控制。通过疫病净化，河南省原种猪场和祖代以上种禽场高致病性猪蓝耳病、猪伪狂犬病、猪瘟、高致病性禽流感、新城疫等重大动物疫病免疫抗体合格率明显提高，连续多年没有发生区域性重大动物疫病。二是主要动物疫病净化效果显著。从河南省疫控中心对部分净化示范猪场跟踪监测显示，母猪平均配种受胎率、仔猪成活率分别提高 6.5％、8.6％，料重比由净化前的 1∶3.5 上升到净化后的 1∶3.0；通过实施猪伪狂犬病净化使母猪流产率降低 0.6 个百分点，仔猪死亡率降低 1.6 个百分点；开展净化的种畜禽场防治费用和生产成本明显降低，生产性能和经济效益显著提高。三是涌现出一批净化示范场家。14 家种畜禽场被农业农村部授予“国家动物疫病净化创建场/示范场”，88 家种畜禽场被河南省农业农村厅授予“河南省动物疫病净化示范场/创建场”。四是畜产品质量安全水平不断提高。通过开展疫病净化，养殖场减少了用药投入，降低了药物残留和排放量，保障了动物源性食品安全。五是促进了现代畜牧业的健康发展。通过净化，种畜禽场改善了防疫条件，提高了生物安全和管理水平，有效控制了重大动物疫病，为建好“种子工程”，向社会提供健康优质的畜禽良种奠定了基础。六是净化集成技术不断进步。由河南省疫控中心组织研发的动物疫病净化集成技术项目先后获得“全国农牧渔业丰收二等奖”1 项和“河南省科技进步二等奖”2 项，有力促进了净化工作。

（河南省农业农村厅供稿）

强化保障 严格监管 四川省努力推进牛羊布鲁氏菌病净化整市试点

▶**摘要**

四川省在广元市积极探索以整市为单位的试点净化工作，聚焦三大重点、强化三大保障、严格三大监管，采取“量化、细化、深化”举措，强力推进试点工作，实现“一降一控”目标，即：一是重点流行指标全面下降，个体阳性率从2015年的1.28%下降到2019年的0.12%，流行强度呈明显下降趋势；二是病原污染面稳定控制，按照国家布鲁氏菌病防治技术规范，部分连续两年监测未发现阳性的县区，预评估已达到净化标准。

一、聚焦三大重点，量化净化内容

广元市紧盯布鲁氏菌病净化关键环节、重点内容，将工作重点聚焦到三个方面，全面进行风险分析，夯实基础工作。一是监测对象聚焦到“三畜”。第一是引进畜。动物一旦移动就有风险，引进畜是布鲁氏菌病传入的主因，有时输出地的检测报告也不能真实反映输入动物的布鲁氏菌病真实情况。第二是种公畜。从流行病学调查情况看，配种时借用外场种公羊配种的场，感染布鲁氏菌病的风险是用本场公羊的2.66倍，而且种公畜一旦感染，不但传染力强、净化难度大，而且若管理不到位，还会感染其他场的母畜。第三是繁殖母畜。繁殖母畜承担传宗接代的任务，最易感染布鲁氏菌病。二是监测时期聚焦到“三期”。第一是配种期。配种期常常种畜交换频繁，必须加强对这个时期种畜的监测，防止通过换种、配种扩大污染面。第二是分娩期。因为阳性母畜分娩时，胎衣及排泌物带菌量极大，传播风险最高，对人危害最大，该市近几年出现的人感染布鲁氏菌病病例全部都是在分娩期接触母羊、胎儿及排泌物而感染，因此，必须加强分娩期的人员防护、采样监测和无害化处理。第三是出栏期。出栏期加强布鲁氏菌病监测既可以保障动物及动物产品和人员安全，又可以利用出栏期降低存栏、优化畜群结构。三是监管重点聚焦到“三场”。第一是种畜场。种畜场是病原从点扩散到面的阀门，对有阳性个体的种畜场，必须严禁出售种畜，暂停种畜场资格直至净化彻底。第二是规模场。规模场集约化程度高，养殖规模大，提供后代多，一旦感染布鲁氏菌病则损失重、危害大、影响深，必须严格监管，确保安全。第三是阳性场。阳性场是布鲁氏菌病传播的源头，阳性场的管控和处置灭源是否到位关系布鲁氏菌病净化成败。对阳性场必须限制动物流通，严禁出售饲养用动物，出售屠宰动物必须严格监测。

2019年4月全国布鲁氏菌病防控技术集成示范推广现场会在四川省广元市召开

二、强化三大保障，细化净化举措

通过强化三大保障，推进净化举措落实。一是强化路径保障。制订《广元市牛、羊布鲁氏菌病净化方案》，明确牛、羊布鲁氏菌病净化普查建档、分类监测、移动监管、处置灭源四大路径。普查建档上采取市县乡三级联动形式，拉网式对全市所有牛、羊进行采样普查，县乡负责采样并采用虎红平板凝集试验初筛，市上负责采取试管凝集或竞争ELISA方法进行阳性复核，并对所有养殖场进行登记备案，对阳性场、种畜场建专档，种畜场进行市、县、乡三级监测动态管理，规模场进行县、乡二级管理，散养户由乡镇自主管理。分类监测上分类持续对种公畜进行全面监测，对繁殖母畜进行抽样监测；对阳性场进行全群监测，每月不少于1次；对阴性场进行定期监测，其中阴性区的阴性场每年不少于2次，阳性区的阴性场每季度不少于1次。移动监管上采取布鲁氏菌病综合净化措施，以动物卫生监督机构为主体，深入推进“动物移动严管行动”和“动物卫生监督执法规范年活动”，加强移动监管、落地监管、日常监管，确保处置规范，灭源彻底。处置灭源上按“阳性率达40%的，全场扑杀；阳性率在10%～40%的，同群扑杀；阳性率在10%以下的，扑杀阳性个体”标准，对监测阳性动物及其流产胎儿、胎衣、排泄物等严格无害化处理，并做好相关记录记载。对圈舍及周边、集中放牧区坚持每天彻底消毒，直到养殖场全群监测阴性180天后转入常规管理。二是强化技术保障。全面升级市本级和县区兽医实验室监测能力，利用动植物保护能力提升工程项目全面完成市本级兽医实验室改造升级，市本级和7个县区全部通过考核认证，以县区抗体监测能力为主、市级抗体和病原学监测能力为支撑的兽医实验室监测体系基本形成。全面提升布鲁氏菌病采样和监测能力，以疫控中心为主体，从基层、相关单位抽调人员组成监测净化组，加强与西南大学、西南民族大学、瑞典农业科学大学交流合作，采取派人参训、以会培训、现场培训等方式加强布鲁氏菌病净化技术培训，做到全系统兽医人员都能熟练掌握采样和初筛技术，县以上疫控中心人员都能熟练进行阳性样品复核技术。同时，强化人员防护，按《布鲁氏菌病高危从业个人防护技术规范》，向重点区域场群、乡镇畜牧兽医站人员免费发放防护服、口罩、手套等个人防护用品，协调卫计部门对阳性场工作人员进行免费体检和诊疗咨询服务。三是强化要素保障。层层成立以政府分管领导任组长的牛羊布鲁氏菌病净化领导小组，下设监测净化组、扑杀监督组、后勤保障组和办公室，明确农业、财政、卫计等部门职责。层层建立以政府分管领导负责召集的牛羊布鲁氏菌病净化联席会议制度，每半年至少组织召开一次联席会议，听取前阶段工作汇报，安排部署下阶段布鲁氏菌病净化工作；农业部门每年至少召开一次牛羊布鲁氏菌病净化现场推进会，每季度至少编发一期牛羊布鲁氏菌病净化专报；各县区财政每年至少预算 50 万元财政专项资金用于牛羊布鲁氏菌病监测、监管和扑杀补助。同时，还印制各类布鲁氏菌病净化防控宣传资料 2 万余份，通过深入走访、以会代训等形式，大力宣传牛羊布鲁氏菌病“断子绝孙”的危害和监测净化的举措，营造良好的舆论氛围。

三、严格三大监管，深化净化成果

强化日常监管、例行监管等措施，确保净化成果不断巩固提升。一是严格移动监管。严格执行农业农村部第 2 号公告和省农业厅《关于加强布鲁氏菌病防控工作的通知》，长效推进“动物移动严管行动”和“动物卫生监督执法规范年活动”，严禁从国家公布的布鲁氏菌病一类地区调运牛羊活畜，对其他区域引入的活畜，必须出具由产地动物疫控机构出具的布鲁氏菌病监测阴性报告。在布鲁氏菌病净化期间，充分发挥七盘关和木鱼两个省际公路动物防疫监督检查站堵源灭疫作用，采取查证、查物、查标、查瘦肉精，询问相关情况，抽测抗原抗体，消毒车辆的“四查一询一测一消”方式，助推布鲁氏菌病净化。二是严格落地监管。严格执行落地报告、隔离观察制度，引进牛羊到达输入地后，畜主要在 24 小时内主动报告当地乡镇畜牧兽医站，并在畜牧兽医站指导和动物卫生监督机构监督下，隔离观察 60 天，经两次全群布鲁氏菌病采样监测合格的准予混群饲养，布鲁氏菌病监测阳性的一律扑杀并严格无害化处理。三是严格日常监管。布鲁氏菌病净化期间，充分发挥动物卫生监督机构的监管职责，市动物卫生监督执法机构每年对牛羊规模场、阳性场、屠宰场开展检查不少于 2 次，县区动物卫生监督执法机构每季度不少于 1 次，确保牛羊布鲁氏菌病监测阳性场不引进动物、禁止出售种用和饲养用动物，出售屠宰用动物需监测结果为阴性，且实行养殖场到屠宰场点对点运输，确保布鲁氏菌病监测阴性场销售动物具备监测阴性报告或有效记录，确保养殖场户不私自换种，按程序报农业主管部门，经疫控机构监测合格才可换种要求落到实处。

（四川省农业农村厅供稿）

坚决打赢净化马传贫攻坚战　推动新疆维吾尔自治区马产业健康发展

▶摘要

新疆维吾尔自治区马传染性贫血（以下简称“马传贫”）净化工作，事关维吾尔自治区马产业持续健康发展，事关乡村振兴战略和旅游兴疆战略的顺利实施，事关国家动物疫病防治规划目标的如期实现。维吾尔自治区高度重视马传贫净化工作，按照“政府主导、部门牵头、分区监测、及时扑杀、严格管控”的工作思路，在巴音郭楞蒙古自治州（以下简称“巴州”）和静县通过采取摸清马匹底数、制作防疫保定栏、分区隔离阳性马、加大技术支持、严格限制马属动物流通、及时扑杀阳性马匹、加强督导落实等措施，切实有效推动马传贫净化工作。

一、相关背景

根据全国马传贫流行程度及防控现状，全国划分为历史无疫区、达标区、未达标区，新疆维吾尔自治区属于未达标区。自 20 世纪以来，维吾尔自治区连续多年采取检疫监测、净化措施，检出马传贫阳性的地区逐年减少。目前，14 个地（州、市）中，除巴州和静县一个重点镇在全检工作中仍检出阳性马匹外，其他 13 个地（州、市）全部通过了马传贫消灭达标验收。加快推进巴州和静县马传贫净化工作是维吾尔自治区动物疫病防控工作的重中之重，时间紧迫、任务艰巨、意义重大。

二、工作思路

2018 年，新疆维吾尔自治区畜牧兽医局在巴州和静县召开马传贫消灭攻坚战启动会，进一步健全以政府为主导、各部门相互配合的工作机制。农业农村部、中国动物疫病预防控制中心、哈尔滨兽医研究所、云南省、内蒙古自治区等单位动物防疫专家在和静县实地调研和论证。2019 年，全国马传贫消灭工作研讨会在巴州库尔勒市召开，农业农村部、中国动物疫病预防与控制中心负责同志专程赴和静县调研指导马传贫消灭工作。2019 年底，自治区畜牧兽医局邀请农业农村部畜牧兽医局、中国动物疫病预防控制中心负责同志，在和静县召开 2019 年马传贫消灭工作总结会暨 2020 年马传贫工作研讨会，会议总结了近年来巴州和静县马传贫消灭工作经验，分析评估马传贫消灭成效，科学制订了《2020 年巴州和静县马传贫消灭工作实施方案》，确定了“分区防治、分类指导、稳步推进”的防治原则和“加强领导、密切配合、重点推进、检防结合、果断处置”的防治策略。2020年坚持落实精准动态分区、分轮监测、分群隔离，及时扑杀阳性马匹，严禁马属动物跨区移动等防控措施，确保马传贫净化工作取得突破性进展。

三、主要做法

（一）加强组织领导，压实工作责任

进一步建立完善“政府统一领导、部门相互协作、群众积极参与、工作责任到人”的马传贫净化消灭工作机制，明确各相关部门单位职责与任务，落实工作责任制，细化工作方案，抓好组织协调和资金物资保障，确保采血、实验室检测、阳性马扑杀、扑杀补助发放、重点区域马匹移动控制等各项关键措施落到实处。

（二）摸清马匹底数，落实逐户建档

2020年初，和静县对全县马匹底数全面开展摸排核查，包括牧户养马群数、马匹数量、毛色、芯片号、公母等具体内容，并逐乡、村、户规范建立底数核查档案。经核查，2020年初，和静县马属动物存栏基数为61 986匹。

2020年9月巴州和静县马属动物隔离无害化处理点对马匹进行芯片扫描

（三）强化分区全检，降低感染风险

根据历年监测结果，新疆对马传贫全年检测任务进行动态调整，将高风险区和低风险区均调整为全年检测4轮次。同时，将高风险区、低风险区全部调整为100%全检，进一步降低了跨区交叉感染风险。

（四）完善专业设施，提高工作效率

结合和静县牧区点多面广实际，安排专人对和静县域马匹保定防疫栏等基础设施运行情况和缺口进行了摸排，2020年投入240万元新增马匹保定栏30座，投入300万元完善了核心感染区3处马匹隔离设施建设，改善了不同季节马匹采血保定条件，加快了马匹采

血进度，提高了实验室检测效率。

（五）加大执法力度，严格跨区移动

加强和静县5个临时公路动物检疫监督卡点建设，各卡点预拨经费6万元，累计抽调9名兽医和21名村级动物防疫员充实到卡点，及时发现、制止、纠正“私自藏匿、转移、交易马属动物”的行为。截至目前，检查过往牲畜运输车辆6 757辆，其中运输马属动物车辆157辆，涉及马匹499匹。其中立案17起、结案14起，给予行政处罚共计50 000元。

（六）加强宣传培训，营造良好氛围

加大对从事养殖马匹的牧场和农牧民的宣传力度，做好农牧民宣传和思想工作，明确疫病防控是养殖者的主体责任，争取农牧民的理解、支持和配合，发动群众、群防群控，严格检疫，做到马传贫监测全覆盖。普及广大牧民群众对马传贫危害的认识，提高对马传贫净化工作重要性的认识，把被动消灭马传贫变成主动配合行动。同时，在和静县举办“马传贫检测技术培训班”，重点对马匹血样采集、芯片扫描、自我防护、登记造册等内容进行专项培训，共培训人员140余人，为净化消灭马传贫顺利实施提供了技术保障。

四、解决的难点问题

一是切实督导和静县做好马匹电子标识佩戴、采血抽样、实验室检测、阳性马扑杀及无害化处理、同群马监管隔离、马匹移动监管等工作，开展流行病学调查和数据统计分析等工作。对检出马传贫阳性马匹的同群马加强隔离监管、移动控制，对监测出马传贫阳性马的马群和牧户均做好登记造册、建档，重点抽检。

二是加强巴州和静县马属动物的调运监管，严格执行和静县域内所有马属动物在达标验收前禁止调出和调入的规定，各乡镇（场）畜牧兽医站不得开具马属动物检疫合格证明。

五、取得成效

扎实落实“划区分轮次连续监测，严禁马匹跨区移动，分区分群隔离防控，及时扑杀阳性马匹”的工作措施成效显著。截至目前，新疆巴州和静县共完成三轮马传贫检测，检测马169 099匹次，检出阳性马163匹，其中，第一轮实验室检测61 986匹，检出阳性马65匹；第二轮实验室检测62 150匹，检测出阳性马80匹；第三轮实验室检测62 337匹，检测出阳性马18匹。三轮检测共计扑杀及无害化处理204匹阳性马（成年阳性马163匹、马驹41匹）。

在此基础上，指导巴州和静县选定“马产品屠宰—加工—销售”一体化的专业合作社，由该县组织相关部门对马匹的屠宰、销售实施跟踪监控，对所有检测阴性的待宰马匹统一屠宰、统一销售，严格执行县内屠宰马匹、县外销售马肉等产品的规定，切实减少和静县高风险区易感马属动物数量。

（新疆维吾尔自治区畜牧兽医局供稿）

第六节

加强动物卫生监督和屠宰行业监管

- 北京市
- 云南省
- 河北省
- 江苏省
- 重庆市
- 陕西省

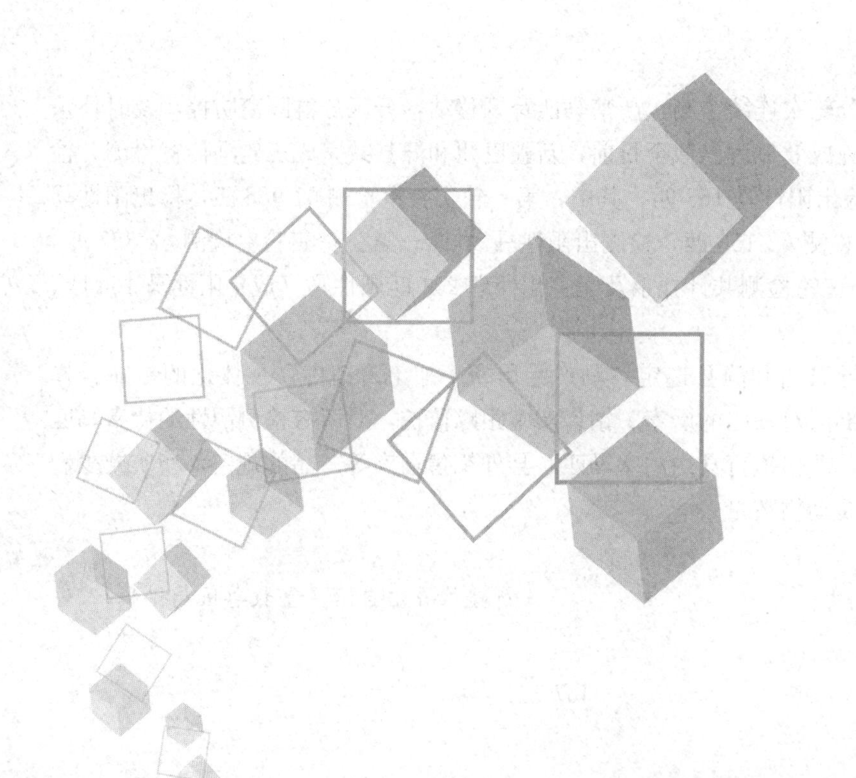

北京市构建动物及动物产品全链条闭环监管体系

▶**摘要**

北京市动物及动物产品闭环监管模式依托“首都畜牧兽医综合执法网络智能指挥系统”，规划了进京公路动物防疫监督检查站、区域官方兽医室、驻厂官方兽医室三方数据链路，形成具有反馈信息的双向路径，有效解决了动物及动物产品调运过程中三个“有没有”，即该来的有没有来、该到的有没有到、该检的有没有检。以闭环中反馈的异常信息为线索，实施违法行为精准查处。2019 年闭环监管模式运行以来，全市针对养殖、运输、市场等环节共立案 237 起，罚没款 115.54 万元，有效提升了监督执法的针对性，增强了违法调运行为的发现能力。

一、闭环监管模式构建背景

近几年来，在针对首都动物卫生监督工作体制、工作机制进行深入调查研究的基础上，北京市建立健全了官方兽医工作制度，并逐步提出完善了首都现代动物卫生监督工作机制，构建了“两级四层”首都现代动物卫生监督机制工作体制框架，在此框架下建立了区域官方兽医室、驻厂官方兽医室、公路动物防疫监督检查站，为闭环监管模式的构建储备了监管点位。

随着“首都畜牧兽医综合执法网络智能指挥系统”不断升级更新，建立了涵盖市区动物卫生监督所、区域官方兽医室、驻厂官方兽医室、公路动物防疫监督检查站的实时工作数据网络，实现了电子出证、进京监督、监督检查等动物卫生监督大数据资源的收集与分析，为闭环监管模式的构建规划了各点位间数据路径。

2018 年，全国非洲猪瘟疫情防控形势日益严峻，根据农业农村部及市委市政府防控措施要求，按照各级领导指示精神，北京市动物卫生监督所依托“首都畜牧兽医综合执法网络智能指挥系统”，对全市养殖、屠宰、运输环节的大数据资源进行高效融合，全面启动了本市动物闭环监管工作模式。

二、闭环监管模式构建思路

动物源性食品从养殖场到餐桌需要经过复杂的链条，运输的环节变化多样，流动的路径瞬息万变，使动物源性食品监管工作面对众多不确定性，尤其北京作为动物及动物产品输入型大都市，动物和动物产品几乎依靠外省市供给，动物养殖防疫情况、动物产品检疫情况及其产地信息、运输路径更是难以掌握，给动物产品全程监管工作带来了极大挑战。为了提高动物卫生监管手段和能力，在公路动物防疫监督检查站承担进京动物和动物产品实施查证验物职能、区域官方兽医室和驻场官方兽医室承担分销换证、产地检疫及落地报告职能的基础上，依托大数据资源，发挥“互联网＋”的监管优势，将三个独立运行的公路动物防疫监督检查站、区域官方兽医室和驻场官方兽医室有效连接起来，以动物养殖场或屠宰厂为监管链条起点，以公路动物防疫监督检查站为监管链条中间连接点，以动物及动物产品的目的地为终点，形成完整闭合的监管链条。

（一）外省进京动物及产品监管

闭环监管系统通过与农业农村部电子出证系统数据共享，将外埠进京动物及产品的检疫许可信息和产地信息推送至闭环监管系统，运输动物及产品的车辆到达公路动物防疫监督检查站时，依法实施查证验物，查验合格的及时将信息上传至闭环监管系统，并在纸质检疫证明加盖专用签章后进入本市，闭环监管系统将呈现抵达目的地（动物或动物产品接收地）信息，即区域官方兽医室或驻场官方兽医室，动物及产品在到达目的地后，接到承运人落地报告申请后实施监督检查，监督检查后在系统中上传确认信息，完成从起点→中间连接点→终点的完整监管链条，实施了可追溯、全流程监管。

（二）本市动物及产品监管

本市检疫合格动物及产品，官方兽医出具的动物检疫许可信息会经闭环监管系统推送至目的地区级动物卫生监督机构。动物及产品在到达目的地后向区级动物卫生监督机构申报，区级官方兽医核查无误后，在系统中进行确认登记。

（三）异常信息的追踪机制

在实际监管工作中通过现场信息与闭环监管系统中信息的比对，会出现三类异常情况，即无检疫合格证明信息、无进京检查信息或无目的地接受信息。紧紧围绕三个“有没有”建立违法行为的高效追踪机制，对上述异常信息展开追查，及时发现、查处违法行为。三个“有没有”即外埠动物及产品有没有进京、动物及产品有没有到达目的地、到达目的地的动物及产品有没有经过进京公路动物防疫监督检查站。

三、闭环监管模式应用成效

“闭环”的概念来源于自动控制领域，“环”指的是信息的路径。闭环监管相对于线性监管最大的区别是在监管过程中数据不仅是单向传输的，还会在各点位间产生反馈信息，形成双向传输链路，从而解决了以下问题：

首先，闭环监管模式增强了动物卫生监督工作的整体性。在传统监管模式下，产地检疫、屠宰检疫、进京监督三方人员缺乏有效互动，监管信息缺乏有效融合，工作谋划局限于自身职责。而在“闭环”中各方需要双向沟通交流，联动完成全程监管，开拓了工作思路，激发了工作热情。

其次，闭环监管模式打破了各环节间的“信息孤岛”。在传统监管模式下，产地检疫、屠宰检疫、进京监督环节仅能以纸质检疫证明为信息载体，获取其他环节数据信息时间成本高，资源消耗大。而在“闭环”中，各方数据信息均在信息系统中开放共享，并根据工作路径智能推送，获取便捷。

第三，闭环监管模式提供了事中事后监管手段。在传统监管模式下，由于缺乏各环节间的反馈，在进入本市或离开产地后，就无法获知动物及产品的实时状态。针对接收未取得动物卫生监督机构监督检查专用章的动物或动物产品、未经检疫通道运输动物或动物产品进入本市等案由的处罚线索搜集难度较大。而在“闭环”中各方需要实时获取和提供反馈信息，结合信息化手段的运用，能够掌握动物及产品的即时状态，以三个“有没有”为抓手，快速发掘异常信息线索，对违法行为进行精准打击。

自 2019 年 1 月闭环监管模式正式全面运行以来，全市动物卫生监督系统通过“首都畜牧兽医综合执法网络智能指挥系统”数据，针对检查情况显示“未经道口”的数据，及时派人核实相关情况，对接收状态显示“待确认接收”的等落地异常信息，针对性地进行落地核查工作。目前已核查未经道口信息万余条，针对养殖、运输、市场等环节共立案 237 起，罚没款 115.54 万元。其中接收未取得动物卫生监督机构监督检查专用章的动物或动物产品 99 起，同比增长 421%，罚没 33.76 万元，同比增长 323%；未经检疫通道运输动物或动物产品进入本市 63 起，同比增长 250%，罚没 66.68 万元，同比增长 675%；经营和运输的动物或动物产品未附有检疫证明、检疫标志 53 起，同比增长 29%，罚没 12.8 万元，同比增长 52%；跨省、自治区、直辖市引进用于饲养的非乳用、非种用动物和水产苗种到达目的地后，未向所在地动物卫生监督机构报告的 22 起，同比增长 214%，罚没 2.3 万元，同比增长 228%。

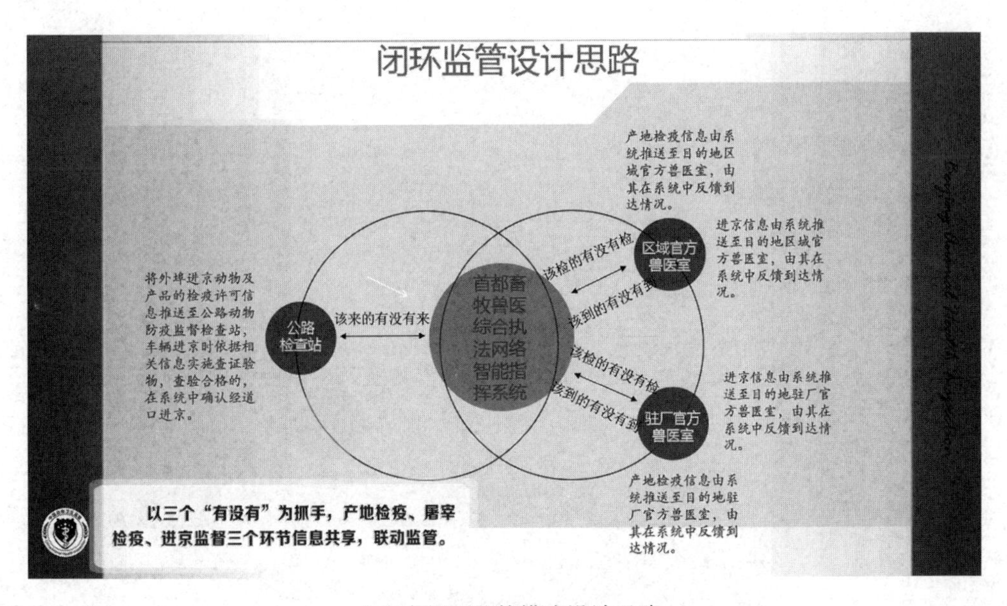

北京市闭环监管模式设计思路

四、闭环监管模式前景展望

目前，依照动物防疫法律法规的法定职责，闭环监管模式覆盖了动物及动物产品的检疫和动物防疫监督环节，但没有覆盖到批发市场的销售环节。为不断实现从产地到餐桌的全链条、全流程闭环监管，北京市动物卫生监督所预留了与市场监管部门共享数据接口，正在探索建立部门联动监管机制效能，大幅提升信息共享、部门联动、全流程追溯工作体制效能，将有效打击违法经营、运输动物及动物产品行为。

（北京市农业农村局供稿）

云南省重拳打击“炒猪”团伙嚣张气焰

▶摘要

2019年，云南省坚决贯彻落实党中央、国务院关于非洲猪瘟防控各项决策部署，按照农业农村部关于严打“炒猪”团伙违规调运的安排部署，精心组织，迅速行动，重拳出击，打掉了一个号称“征两广、战两湖、扫平大西南”的全国“炒猪”团伙，有力打击了“炒猪”团伙犯罪分子的嚣张气焰，有效降低了疫情传播扩散风险，为切实维护全国非洲猪瘟防控和恢复生猪生产做出了积极贡献。

2019年9月5日，云南省文山州富宁县在滇桂交界的G80广昆高速平年收费站开展例行检查时发现大批量涉嫌违规跨省调运生猪车辆。该县第一时间向省非洲猪瘟防控应急指挥部报告了情况，云南省、文山州非洲猪瘟防控应急指挥部及时派出工作组到富宁县指导工作。富宁县委政府迅速行动，立即组织公安、农业农村、交通等部门对涉嫌违规车辆和生猪采取留置查验、立案调查等工作措施，跨省违规调运生猪的现象得到有效遏制。

一、高度重视，切实强化组织领导

云南省高度重视富宁县打击非法“炒猪”团伙专项行动，陈舜副省长作出明确指示要求，省农业农村厅谢晖厅长亲自部署，文山州委童志云书记提出了明确要求，张秀兰州长对处置工作做出了具体安排，省、州及时派出工作组到富宁县进行指导。在省、州工作组的指导下，2019年9月5日，富宁县委、县政府紧急成立了由县委书记任指挥长、县长任常务副指挥长的处置工作指挥部，研究制订了《富宁县涉嫌违规调运生猪处置方案》，抽调300余人组成12个专项小组，迅速行动，每天定时集中进行研判，全力以赴开展应急处置。9月7日，省农业农村厅主要领导深入查处现场，主持召开了省州县专题工作会议，对富宁县查处工作进行了周密研究部署，督促当地加强工作力量，认真落实各项综合处置措施。

二、迅速行动，果断依法依规处置

一是立即查扣留置车辆。组织县农科局、县公安局、道路运输管理局、广昆高速交巡警大队185人，对过往生猪运输车辆进行留置查验。及时将扣留查验车辆统一押送疏导到那谢工业园区集中留置点依法依规进行处置，避免造成交通堵塞。二是开展执法调查。省、州、县三级动物卫生监督机构抽调动物卫生监督执法人员35人，公安、市场监管、道路运输等部门派出精干力量共同组成10个工作组，连夜对涉嫌违规调运生猪车辆进入云南地界的运输轨迹、货主及承运人进行调查取证。完成81辆涉嫌违规调运生猪业主、承运人笔录询问取证，调查涉及人员160人次。三是迅速对留置查验车辆及生猪进行全覆盖采样，完成样品检测1 683份，检出非洲猪瘟病毒疑似核酸阳性样品92份，涉及运输车辆17辆，依法依规对染病生猪进行扑杀和无害化处理，处理病死生猪751头，按规定对检测结果呈阴性的生猪依法依规进行扣留没收及屠宰处理。经查，此次调运生猪全部来自省内，已对涉及违规调运生猪的相关人员进行了立案查处。

三、细化服务，切实维护稳定大局

采取集中宣讲政策、个别疏导心理等方式，组织对承运人进行教育疏导200余人次，引导承运人及货主稳定情绪，主动配合调查取证、开展生猪处理等工作。为防止留置查验生猪因气温过高出现应激症状，县指挥部及时调动消防车、洒水车对所有留置查验生猪进行逐车洒水降温，防止生猪死亡。累计出动车辆322辆次、运输降温用水1 352吨以上。同时，全面加强网络舆情监测管控和网络安全监管，今日头条、“兽医资讯”“每日微猪”微信公众号等新型媒体均先后发布了“炒猪团云南落网，一百多辆运猪车全部扣留”等正面宣传，阅读访问人数超过25万人次。富宁县专项行动期间，全县猪肉市场供应充裕，生产生活秩序井然，社会稳定。

四、乘胜追击，不断扩大行动战果

2019年9月5～20日，云南省各级公安、交通运输等部门全力配合，地方党委政府坚决果断，联合在全省高速公路收费站、服务区开展打击生猪违法调运专项行动，先后在昆明、曲靖、红河、楚雄、昭通等州市查处数十起非法调运行为。专项行动累计查扣涉嫌违规调运的生猪车辆147辆、生猪11 580头，有效震慑了“炒猪”团伙，全省生猪违规调运的现象得到有效遏制，有力促进生猪产品的有序流通，极大降低了疫情跨区域传播的风险。

五、高位推动，建立监管长效机制

为强化生猪调运监管，云南省人民政府公开发布《关于从本省指定道口运入生猪及生猪产品的通告》（云政规〔2019〕1号），在云南省际间高速入口配套设立9个临时动物卫生监督检查站，强化对过往运输生猪及生猪产品的车辆监督检查、登记消毒、查验签章和动物防疫监督执法工作。省级财政专项安排紧急防控工作经费3 500万元，重点用于9个指定道口临时动物卫生监督检查站建设和25个边境县防堵工作，有力确保各项综合防控措施落实到位。省农业农村厅联合公安厅、交通运输厅联文印发了《打击违规调运生猪行为专项行动方案》，在文山州富宁县等省际重点区域加强车辆非法改装及违规

2019年7月云南省基层动物防疫人员张贴非洲猪瘟防控告知书

调运生猪联合检查。加强省际公路及渡口临时联合检查卡点设置，加大重点路段和服务区巡逻清查工作，进一步巩固工作成效，建立跨部门联合监管、联合打击长效工作机制。

2019年，云南省生猪产能总体平稳，仍是全国生猪存栏量较多的省份之一，生猪及产品价格仍处于全国较低水平，猪肉市场供应充裕。在全国非洲猪瘟防控和稳产保供严峻形势下，云南不仅做到省内猪肉市场供应充足，还有力支援了广东、上海、重庆等省外猪肉市场供应。据农业农村部调度数据显示，云南生猪及产品外调量达420万头，外调数量居全国第7位。

（云南省农业农村厅供稿）

政策引领　试点先行　河北省努力构建病死猪无害化处理与生猪养殖保险联动工作的新机制

▶**摘要**

建立病死猪无害化处理与保险联动机制，是河北省结合工作实际开展的一项特色工作。为助力生猪产业发展，助力乡村振兴，推动此项工作深入发展，河北省积极探索，创新作为，不断打造病死猪无害化处理与保险联动机制的升级版，形成联动工作的新机制，不断提升全省病死猪无害化处理水平，扩大生猪保险覆盖面，为加强重大动物疫病防控发挥了重要作用。保险联动工作将病死猪无害化处理作为保险理赔前提条件，既能调动养殖场户无害化处理积极性，又能有效解决骗保问题。在此基础上又开展生猪养殖保险B条款试点，将原来15千克以下的病死猪也纳入理赔范围，实现了病死猪赔偿全覆盖。2019年进一步扩大B条款试点县范围，全省达到73个，总结推广保险联动“平山模式”“武安模式”，撬动各级财政补助资金5.8亿元，保险赔付金额6.1亿元，无害化处理水平进一步提升，信息化管理水平不断提高。

一、提高站位，创设政策引领，确保保险联动工作行稳致远

（一）确定联动机制政策。2014年，国办印发《国务院办公厅关于建立病死畜禽无害化处理机制的意见》（国办发〔2014〕47号），全面推进病死畜禽无害化处理，保障食品安全和生态环境安全，将病死猪无害化处理补助范围由规模养殖场（区）扩大到生猪散养户。河北省高度重视，全面贯彻落实国办意见，印发了《河北省人民政府办公厅关于建立病死畜禽无害化处理机制的实施意见》（冀政办发〔2015〕12号），加快建立病死畜禽无害化处理机制，创设了畜禽养殖保险与无害化处理联动机制。按照“政府引导、市场运作、自主自愿、协同推进”的原则，全面推进畜禽保险工作，将病死畜禽无害化处理作为保险理赔的前提条件，保险查勘与病死畜禽清收相结合，不能确认无害化处理的，保险机构不予赔偿，用市场化机制引导和鼓励养猪户主动报告、主动上交和主动进行无害化处理。

（二）出台保险新政策。积极协调省政府金融办等四单位印发《关于增加政策性育肥猪养殖保险B条款的通知》（以下简称B条款）（冀金办字〔2016〕13号），进一步完善了相关保险理赔条款。一是降低了保费金额，保险费率从5%降低为4.5%，保费由25元降低为22.5元；二是拓展了投保对象，投保对象将原政策性生猪养殖保险主要承保200头

河北省农业农村厅负责同志在石家庄市调研指导病死动物无害化处理厂建设

以上的养殖户，扩大到所有养殖场（户）；三是完善了理赔方式，保险理赔标准由“尸重测量法”改为“尸长测量法”，四是扩大了理赔范围，理赔由原生猪保险标的只保 15 千克以上的大猪扩大到所有育肥猪全赔付，实现了投保理赔的全覆盖，进一步优化生猪保险政策，促进病死猪无害化处理与生猪保险联动工作，为产业发展、动物防疫工作、无害化处理监管开辟了新天地。

二、多方联动，试点先行摸索，积极探索保险联动工作新模式

（一）战略合作。2016 年，河北省正式启动无害化处理与保险联动工作，3 月份，河北省畜牧兽医局与省人保财险、省中华财险和省太平洋财险联合签署了《河北省生猪无害化处理保险工作战略合作框架协议》，建立病死猪无害化处理与政策性养殖保险联动机制，将病死猪无害化处理作为保险理赔前提条件，正式启动病死猪无害化处理与保险联动工作。2020 年 6 月，河北省农业农村厅组织召开病死猪无害化处理与保险联动工作联席会议，人保财险、中华联合财险、太平洋财险、人寿财险、燕赵财险、安华农险等 6 家涉农保险公司全部参加会议，重新签订了《病死猪无害化处理与政策性生猪保险工作战略合作框架协议》，在前期基础上，合作更加全面、更加深入，提出了“三提高一覆盖”的联动目标，即提高河北省政策性生猪养殖保险覆盖面、提高养殖场户保障受益面、提高病死猪无害化处理的管理水平，积极推进河北省病死猪集中无害化处理全覆盖。

（二）试点引领。2016 年，河北省畜牧兽医局与人保财险、中华联合财险、太平洋财险等 3 家保险公司联合印发了《河北省病死猪无害化处理与保险联动机制建设试点工作实施方案》（冀牧医防发〔2016〕6 号），在全省 51 个县开展病死畜禽无害化处理与保险联动试点工作，提出“2016 年开展病死猪无害化处理与政策性养殖保险联动机制试点工作，2017 年全面推进，力争 2018 年底生猪主产县实现育肥猪保险全覆盖”的工作目标。2019 年，与省财政厅、河北省地方金融监管局、河北银保监局等相关部门多次沟通协调，逐一

协商征求意见，八部门联合印发《关于新增高邑等22个县（市）开展政策性育肥猪养殖保险B条款试点工作的通知》（冀财金〔2019〕28号），新增B条款试点县22个，全省总量达到73个县（市、区）。通过实行B条款实现病死猪保险理赔全覆盖，提高养殖场户病死猪无害化处理和参加养殖保险积极性。目前，河北省农业农村厅正在积极协调省财政厅和相关保险机构，在全省全面推行B条款。

（三）模式推进。为有效推动无害化处理与保险联动工作，组织动物卫生监督机构、天津闪联公司和中华保险公司，打造了以佩戴畜禽专用标识为纽带，以育肥猪的保险信息共享为手段，以实施《育肥养殖保险条款（B条款）》为核心，以动物卫生监督机构和保险公司联动为保障的"平山模式"。一是创新保险溯源专用耳标连号包装和使用；二是创新生猪专标签收、发放及核销全程信息化；三是创新实用信息平台化，联动单位即时信息共享；四是保险溯源专用耳标创新实现了手机APP智能识别。在推广"平山模式"基础上，通过完善提高，又探索形成了以邯郸武安市为代表的"武安模式"，建立农业农村部门与保险机构、软件公司合作，以保险溯源专用耳标为纽带，利用信息化平台（养殖保险服务系统、无害化处理系统和动物标识管理系统），实现畜禽承保—理赔—无害化处理整个流程的闭环管理。动物卫生监督、保险理赔、收集运输三方密切配合，养殖场户自主承保、自助理赔，结合保险公司快速理赔，建立了第三方收集体系，提升了病死猪收集主动性、及时性，进一步解决联动过程中监管难、收集难、投保不积极、理赔慢等瓶颈问题。

三、撬动资金，助力产业发展，保险联动工作效果显现

（一）生猪生产加快恢复发展。充分运用电视、网络、发放宣传单等多种方式，积极宣传生猪养殖保险政策、投保条件、理赔规定、无害化处理程序等，引导养殖场（户）主动参与生猪养殖保险和病死猪无害化处理。通过保险联动，特别是B条款实现了病死猪赔偿全覆盖，2019年，全省育肥猪及能繁母猪参保数量达到2 870万头，占全省生猪饲养量的63.2%，保费总额达到7.3亿元，保险保障金额达到155亿元，撬动各级财政补助资金5.8亿元，全年累计理赔332万头，赔付金额6.1亿元，为生猪产业发展提供了强有力的资金支持和风险保障，为生猪稳产保供发挥了重要作用，极大调动了养殖场户入保积极性和养殖积极性，全省生猪生产2019年6月底开始止跌回升。

（二）公共卫生安全水平不断提升。通过保险联动工作，大幅提高了养殖业保险覆盖面，调动了养殖场户无害化处理积极性，解决了养殖场户"不愿交"、无害化处理厂"难运营"等问题。截至2019年底，全省共建设病死畜禽专业无害化处理场66个，建设收集站点535个，配备无害化处理收集病死猪运输车辆240台，建成的收集处理体系覆盖168个县（市、区），病死畜禽无害化处理体系进一步完善。2019年，全省养殖环节病死猪无害化处理达到497.67万头。2020年上半年，病死猪无害化处理244.36万头。有效杜绝了乱抛病死猪现象，堵塞了非法买卖、加工病死猪行为，提高了公共卫生安全水平。

（三）监管能力进一步加强。通过动物卫生监督部门与保险机构联动承保、联动发放和加施保险专用耳标、联动查勘、联动理赔、联动无害化处理、联动监管等方式，实现了病死猪无害化处理的全程监管，解决了兽医机构监管难的问题。联动工作引入物联网技术，加快了信息化管理平台的推广应用，利用信息流与物流、工作流同步运行，实现全流程应用智能监管平台，提升了无害化处理信息化监管水平。

（河北省农业农村厅供稿）

以规范管理促进转型升级　江苏省着力推动畜禽屠宰行业高质量发展

▶摘要

近年来，江苏省农业农村厅认真贯彻落实农业农村部畜禽屠宰管理工作部署，针对生猪屠宰产业集中度低、牛羊家禽屠宰存在监管真空、行业经营方式落后、质量安全保障能力不强等问题，统筹谋划，主动作为，出台一系列政策文件，深入推进生猪屠宰行业整顿、大力开展生猪屠宰标准化建设，积极推动牛羊禽集中屠宰管理，累计关闭不合格生猪屠宰场点848家、牛羊家禽屠宰场点430家，建成省级生猪屠宰标准化示范企业40家，其中6家企业被评全国生猪屠宰标准化示范厂，有效推动了行业转型升级，保障了人民群众“舌尖上的安全”。

近年来，江苏省各级农业农村部门紧紧围绕“防风险、保安全、促发展”这一核心任务，紧盯畜禽屠宰行业存在的屠宰场点多小散、经营方式落后、质量安全保障能力不强等突出问题，勇于担当、统筹谋划、系统推进，狠抓各项关键措施落实，全面完成生猪屠宰行业清理整顿，大力开展生猪屠宰标准化建设，积极推进牛羊禽集中屠宰管理，有效推动了屠宰行业转型升级发展，提升了全省畜禽肉品质量安全保障水平。

一是强化调查研究，推动出台系列政策文件。2014年畜禽屠宰管理职能划转到农业农村部门后，江苏省农业农村厅积极组织开展调研，摸清行业现状，剖析存在的问题，厘清工作思路，推动出台系列政策文件。围绕行业管理，2015年提请省政府办公厅印发《关于加强畜禽屠宰行业监督管理工作的意见》，明确了全省畜禽屠宰管理工作目标和重点任务；2017年经省政府同意下发《关于进一步加强畜禽屠宰行业管理的意见》，对全省屠宰行业发展谋篇布局；2018年经省政府同意，会同省市场监管局、省生态环境厅联合下发《关于加强牛羊家禽屠宰监督管理工作的通知》，全面推行“集中屠宰、集中检疫”管理。围绕清理整顿，2015年会同省财政厅联合印发《关于深入开展生猪屠宰行业清理整顿工作的通知》，制订了“整县推进、省级奖补”政策措施。围绕标准化建设，印发《关于深入推进生猪屠宰标准化建设活动的通知》，提出了“五化四有”省级标准化创建意见。围绕准入管理、事后监管、无害化处理监管、打击屠宰违法活动等，会同省财政、公安、市场监管等相关部门分别制订印发了相关文件，进一步明确了要求、实化了举措，发挥了显著成效。

二是完成清理整顿，为标准化建设打好基础。针对全省生猪屠宰企业数量多、规模小、产能过剩等突出问题，江苏省及时调整屠宰发展思路，自 2015 年开始，全面开展生猪屠宰行业清理整顿，在压缩落后过剩屠宰产能上动真格、下真功、见实效。出台政策，省财政拿出 1.4 亿奖补资金，对整县推进完成不合格屠宰场点关闭任务的县（市、区），分别给予 50 万～400 万元不等的工作奖补。落实责任，全省涉及清理整顿工作的 76 个县（市、区）政府，均制订了清理整顿工作实施方案，落实了乡镇政府、农业农村、市场监管、生态环境、公安等相关部门职责，明确不合格屠宰点关闭时序表，倒排进度，挂图作战。加强考核，将清理整顿纳入省食安办对地方政府考核范围，建立季度通报制度，各地层层落实责任，市与县、县与乡镇通过签订工作目标责任状，确保按照计划进度完成清理整顿任务。严格验收，实行项目化管理，制订印发了《生猪屠宰行业清理整顿项目检查验收办法》，明确“县级自查、市级复核、省级验收”的检查验收程序，通过公开招标，委托第三方开展省级检查验收，关停的场点家家到，确保真正关到位。在全省上下共同努力下，2017 年底清理整顿工作按期完成，共关闭不合格生猪屠宰场点 848 家，淘汰落后生猪屠宰产能近 2 000 万头，行业整体水平有了明显提升。全省生猪定点屠宰场点数量从 2013 年底的 989 家大幅压减到 127 家，屠宰产能综合利用率和企业赢利率明显提升，2018 年全省有 6 家企业屠宰量进入全国 50 强。

三是积极试点示范，大力开展标准化建设。在推进清理整顿的同时，将标准化建设作为推动屠宰行业转型升级、强化屠宰企业管理的重要抓手，按照“调查研究、试点示范、全面推进”的步骤，全力加以推进。制定创建标准，2016 年，将生猪屠宰标准化建设列入省重点软课题研究项目，在深入调研基础上，针对行业存在的“硬件水平不强、软件管理不高”等突出问题，提出了建立健全生猪屠宰质量管理体系的“五化四有”创建标准。积极开展试点，2017 年，将标准化试点列入省农业三新工程项目，按照高、中、低选择 3 家不同水平企业开展试点，发布了行业团体标准《江苏生猪屠宰企业质量管理规范》，出台了 70 项标准化建设内容。2019—2020 年根据非洲猪瘟防控和屠宰产业政策有关方面的最新要求，增加完善了非洲猪瘟自检、车辆洗消中心建设等内容。组织观摩培训，2018 年 6 月 29 日，在苏州市召开全省畜禽屠宰管理工作现场会，组织观摩苏州华统食品有限公司标准化建设试点情况。10 月 24 日，在泰州市举办全省生猪屠宰标准化建设培训班，对各市、县（区）屠宰管理部门以及屠宰企业负责人进行标准化建设工作培训。规范检查验收，严格“企业自评、市县复核、省级验收”程序，组建由省、市、县以及高校、大型龙头企业等 52 名专家组成的专家库，坚持宁缺毋滥，逐家进行材料评审和现场验收，验收合格并经过公示无异议的，授予标准化企业称号。强化工作考核，实行三个层次考核，政府层面，纳入省食安办对地方政府食品质量安全管理工作考核指标体系；农业系统内，纳入全省农业农经工作绩效考核指标体系；兽医系统内，纳入重大动物疫病防控绩效延伸考核。注重政策扶持，在对部门加“压力”同时，注重为企业添“动力”，标准化企业优先推荐为出省备案企业，并建立奖补制度，列入省级大专项可支持范围，全省 11 个设区市分别出台了从 10 万到 100 万不等奖补标准。目前，全省已建成省级标准化示范企业 40 家，其中 6 家企业获评全国生猪屠宰标准化示范厂。

2019 年 11 月全国生猪屠宰标准化创建现场观摩培训班在江苏省徐州市举办

四是落实关键措施，强化屠宰环节非洲猪瘟防控。坚持把生猪屠宰作为防控非洲猪瘟的关键环节，积极推进屠宰环节非洲猪瘟自检和生猪运输车辆洗消中心建设。抓实非洲猪瘟自检。指导屠宰企业按规定配齐检测仪器设备，改造实验室，配备专职技术人员，做好检测记录和样品留样工作，目前全省 127 家生猪定点屠宰企业均已全按要求开展非洲猪瘟自检。开展检测能力比对。为进一步将自检工作落到实处，2019 年江苏省组织开展全省屠宰企业非洲猪瘟检测能力比对工作，127 家企业全员参加，对比对不达标的 35 家企业停业整顿，动物疫控机构提供“一对一”服务，帮助分析原因，开展强化培训，经考核合格后方可恢复生产。强化飞行检查。组织对屠宰企业非洲猪瘟自检落实情况开展飞行检查，查自检记录，抽取产品、留样及环境样检测。2020 年以来，省级共检查生猪屠宰企业 17 家，责令其中 2 家环境样品非洲猪瘟监测阳性的企业停业整顿，督促企业全面环境清洗消毒，停产期满经当地动物疫控机构评估合格后方可恢复生产。推进洗消中心建设。印发《关于加强生猪运输车辆清洗消毒全面推进重点场所洗消中心建设的通知》，要求全省生猪屠宰企业年内建成运猪车辆洗消中心，明确洗消中心应具备车辆清洗、消毒、烘干等基本功能，建立凭清洗消毒证出场制度。目前全省屠宰环节已建成综合洗消中心 35 家。

五是善借外力推动，同步推进牛羊禽集中屠宰管理。牛羊禽屠宰管理长期是江苏省屠宰管理工作的短板，屠宰量小、消费季节性强，监管法律法规滞后。为此，江苏省农业农村厅会同省市场监管局、省生态环境厅联合部署不合格牛羊禽屠宰场点清理取缔工作，推进牛羊禽集中屠宰管理。组织调查摸底，2018 年 7 月份开始，组织对全省所有牛羊禽屠宰场点进行调查，逐家登记造册，逐个审核条件，凡未取得动物防疫条件合格证、排污许可证的一律列入清理整顿范围。全面清理整顿，通过发放告知书等形式限期予以关停，逾期未关停的坚决依法查处，2019 年底江苏省顺利完成了不合格场点关停任务，累计关闭不合格场点 430 家。实行集中屠宰，综合考虑地方需求，按照市场化原则，积极推动牛羊家禽集中屠宰场建设，全面实施“集中屠宰、集中检疫”，取得动物防疫条件合格证、排污许可证的授予“牛羊禽集中屠宰企业”，派驻官方兽医，全省已建有78家牛羊禽集中屠宰企业。强化检验检疫，加强“瘦肉精”抽检，屠宰企业和官方兽医分别按不低于10%、5%的要求进行抽检，做到进场必查、凡宰必检。印发《关于畜禽屠宰及肉品品质检验证章标识印制和使用管理有关事项的通知》，规范肉品品质检验合格证及标识使用，建立凭“两证”“两标”上市销售制度。

六是严格日常监管，切实规范畜禽屠宰秩序。推进信息化监管。在入场、检验检疫、无害化处理、出场等关键岗位共安装了600多个高清摄像头，落实视频监控人员254名，实行远程视频情况“月通报”制度，充分发挥“天眼”的监督威慑作用，实现24小时实时监控。加大监督检查力度。组织开展屠宰企业暗访、飞行检查和监督抽样活动，并将检查结果书面通报至相关市，2019年5家企业因管理措施不到位被责令停业整顿。严厉打击生猪屠宰违规行为。持续开展专项整治行动，保持对私屠滥宰等违法违规行为的高压严打态势，2019年全省共立案查处生猪屠宰案件24起，捣毁私屠滥宰窝点23个，移送公安机关案件6件，有力地打击了屠宰违法行为，保障了肉品质量安全。

（江苏省农业农村厅供稿）

重庆市全面清理审核生猪屠宰资格条件切实落实生猪屠宰环节“两项制度”

▶**摘要**

2019年以来，按照国务院和农业农村部的安排部署，重庆市直面问题，迎难而上，政府领导亲自指挥，农业部门牵头抓总，相关部门强力配合，明确条件，明确时限，全面彻底清理审核屠宰资格条件，生猪屠宰企业由清理前的472家减少至146家。2019年7月，按照国家生猪屠宰企业资格复核结果通报，结合重庆市实际，对生猪屠宰企业进行了动态调整，屠宰企业数量进一步减少至142家。屠宰环节“两项制度”全面落实，官方兽医应配542名、实配660名、超配118名，所有屠宰企业均按要求开展非洲猪瘟PCR检测。屠宰管理工作取得显著成效，得到了各级领导、相关部门和管理对象的一致肯定。

一、直面问题，迎难而上

2013年5月，重庆市商业部门将屠宰行业监管职能移交给农业部门时，全市有生猪屠宰企业655家。随着环保压力、市场竞争等方面的原因，逐步减少到清理前（2019年5月初）的472家，其中生猪定点屠宰场84家、手工过渡屠宰场388家。屠宰管理存在四个方面的问题：一是324家屠宰企业无定点屠宰证书。仅148家企业有定点屠宰证书和标志牌，其余的324家屠宰企业通过区县主管部门与屠宰企业签订过渡屠宰协议形式确认屠宰资格，过渡时间长达20年之久。二是屠宰代码格式混乱。由于多方面的原因，重庆市一直未换发存留点屠宰证书，未对屠宰代码格式进行统一，导致批准文号有渝屠准字第××号的，有屠证字（2003）第××号的，有渝××屠准字××号的；屠宰代码有A字母开头的，有AD字母开头的，有B字母开头的；屠宰代码字母后数字有8位的，有7位的，鱼龙混杂，真假难辨。三是屠宰条件严重落后。一把刀、一口锅、三两个人，粪尿四溢，污水横流，臭气熏天，猪嚎人吵，条件极差，与当前我国经济社会发展大环境和广大市民对畜产品卫生健康安全的消费需求严重不符。四是发证机关与监管部门严重不符。2013年5月农业部门就接受了屠宰行业监管职能，几年过去了，发证机关还是商业部门，签订过渡屠宰协议还是商业部门。按照农业农村部要求，重庆市直面现实问题，痛下决心，迎难而上，彻底清理。

二、痛下决心，彻底清理

（一）及时安排部署

重庆市将屠宰资格清理审核和屠宰环节“两项制度”落实作为当时全市兽医方面的中心工作，农业农村委员会主要领导、分管领导多次专题研究，2次向市政府专题报告，分管副市长专题研究，并通过市政府办公厅正式印发《关于加强生猪屠宰管理工作的通知》（工作通知〔2019〕1010号），要求区县人民政府全面清理审核畜禽屠宰资格，全面落实屠宰环节“两项制度”，并明确了组织责任、完成时限、日常监管，确保按时完成交办任务。清理期间，市农业农村委专门印发文件4个，领导专题研究20余次，安排推进。

（二）明确设置条件

按照法律法规规定、农业农村部要求，结合工作实际，重庆市设置了5大条件：一是规划条件，要求符合城乡发展或建设规划、定点屠宰厂（场）设置规划等，要求衔接规划与自然资源部门出具审查意见（符合规划）；二是环保条件，要求衔接生态环境部门出具审查意见（达到环保要求，并获得全国统一编码的排污许可证）；三是屠宰条件，必须有相应的场地、人员、设备、制度等，要求衔接兽医部门出具审查意见（合格）；四是动物防疫条件，要求衔接兽医部门出具审查意见（合格，并获得动物防疫条件合格证）；五是非洲猪瘟自检条件，有相应实验室、设备和检测技术人员，能够开展非洲猪瘟自检，要求衔接兽医部门出具审查意见（合格，并已按照要求开展自检）。

（三）明确任务时限

2019年5月15日前足额向符合条件且在产的屠宰企业派驻官方兽医，足额保障工作经费，确保工作正常开展；7月1日前，所有屠宰企业建设符合PCR检测技术要求的实验室，并开展非洲猪瘟自检。2019年6月30日前，全面完成所有畜禽屠宰企业的清理审核，对符合条件的屠宰企业，按照统一编码规则和式样制作核发定点屠宰证书和标志牌；7月1日起，各区县不得对未取得证书、标志牌的或处于停业整顿期内的屠宰企业派驻官方兽医和实施检疫工作；7月10日前，各区县将资格清理审核材料报市农业农村委；7月20日前，市农业农村委发布全市所有合法生猪屠宰企业名单。

（四）明确发证标准

原则上对现有的472家屠宰企业进行清理。现有的生猪定点屠宰厂（场）清理审核合格的、按照市政府规划要求设置的，颁发A证；现有的手工过渡屠宰场（点）清理审核合格的、确需并经区县政府审核同意的小型屠宰点，颁发B证。按照农业部办公厅《关于生猪定点屠宰证章标志印制和使用管理有关事项的通知》（农办医〔2015〕28号）要求，重庆市对定点屠宰证书和定点屠宰标志牌式样进行了编辑，设定了重庆市定点屠宰代码编码规则，提出了制作的具体要求。

（五）强化督查推进

市政府文件明确区县政府是责任主体，要求制定具体措施，明确分管负责人，落实部门责任，采取时间倒排、挂图作战、对账销账和每周调度、每日通报、电话提醒、发督办函、

重庆市奉节县某屠宰场标准化实验室一角

约谈区县政府分管负责人的方式全力推进。市农业农村委强力推进，成立由主要领导任组长的工作领导小组、由现职处级领导任组长的7个工作组，定点联系督促区县工作；召开全市工作推进会，进一步明确任务、时限、责任、措施以及工作流程、报送材料目录清单，解读相关法规、文件、标准、条件，梳理印发《畜禽屠宰资格管理法规政策文件汇编》。清理审核期间，重庆市共向农业农村部报送周报13期、总结2次，向市政府报送日报14期、总结3次。合力督办推进，行动期间分管副市长3次、农业农村委主要领导4次在全市性会议上强调安排，农业农村委分管领导4次电话提醒，7个工作组组长3轮电话提醒区县相关领导，市经办人员100多次衔接区县经办人员，市农业农村委2次、市动监所2次书面督办。

（六）强化培训监管

重庆市动物疫控中心先后3轮对全市生猪屠宰企业举办非洲猪瘟检测技术培训，现场培训62场次。分两轮对全市141个生猪屠宰场进行了非洲猪瘟自检能力比对，检测结果符合率98.58%（139家）。派专人及时更新《全国畜禽屠宰行业管理系统》《重庆市动物卫生监督指挥调度平台》相关信息，及时制订暗访随访工作方案，重点对屠宰企业关停情况、“两项制度”落实情况进行检查，确保应关尽关，全面落实。

虽然重庆市屠宰管理工作取得了一定成效，依然存在法律法规修订滞后、监管执法不到位、动态调整机制不完善、少数企业屠宰条件差、个别区县屠宰企业数量较多等问题。下一步，重庆市将按照农业农村部和市委市政府要求，强化与市场监管、生态环境、公安等部门联合监管执法，逐步提高屠宰条件，逐步降低企业数量，推进屠宰企业规模化、标准化、规范化、现代化发展。

（重庆市农业农村委员会供稿）

陕西省深入推进屠宰企业减量提质增效

▶摘要

陕西省在持续压减屠宰企业数量的基础上，深入开展生猪屠宰标准化创建工作，制定了创建标准，落实两个责任，完善了八个环节，强化政策跟进，严格动物卫生监督执法，以技术和管理双提升为目标导向，引导企业升级改造，积极打造肉类品牌，屠宰企业整体水平得到明显提升，加强市场竞争力，净化肉品市场，保障出厂肉品质量安全。

按照农业农村部生猪屠宰标准化创建工作总体部署和陕西省政府关于加强屠宰行业确保畜产品质量意见的工作要求，陕西省狠抓屠宰企业减量提质增效，采取淘汰落后产能、提升屠宰能力和推动示范场创建等措施，取得了明显成效。全省屠宰行业供给不断优化，呈现出“减、增、提、降”四大特点。“减”即生猪屠宰企业总数大幅减少，全省生猪定点屠宰企业数量由600多家压减到目前的129家；“增”即生猪屠宰量不断增加，全省规模生猪屠宰厂年宰量从150万头增加到260万头；“提”即货源质量显著提高，部分屠宰场建立了自己的养殖基地，或是与养殖企业签订代养代收协议，通过自繁自育和代养代收，生猪质量显著提高；“降”即生猪代宰比重快速下降，屠宰企业与代宰户签订委托协议，变“代宰”为“代收”，代宰比重下降，肉品质量稳定。主要有五个方面做法。

积极清理整顿，依法整治行业乱象。始终坚持市场为主，民生优先，依法行政的原则，不断向“服务型”监管转变。针对陕西省生猪屠宰企业数量多、规模小、产能过剩严重等突出问题，全省范围内积极开展生猪屠宰行业清理整顿，主动压缩落后过剩屠宰产能，充分运用食药、公安以及民族宗教等部门合力，共同提升屠宰行业监管水平，确保屠宰行业真正实现减量提质。各地积极响应，结合自身屠宰行业现状，找准突出问题。通过制订方案、签订目标责任书、挂图作战、定期考核等方式，层层落实主体责任，确保如期完成屠宰企业清理整顿任务。宝鸡市以环保督查为契机，对辖区内24家屠宰企业进行全面整顿，取缔5家，停业整顿3家，收回屠宰证3家。榆林市找出屠宰企业存在的突出问题和风险隐患，对环保要求不达标的企业和选址不符合要求的企业，进行关停或搬迁新建，对屠宰量小的企业建议合并，全市23家屠宰企业，其中5家企业进行搬迁新建，1家企业合并，1家停业整顿。其他市结合各自实际，通过加强监管，落实责任，规范管理，加强部门协作，严厉打击违法违规行为等措施，推进了屠宰减量提质工作。

提升责任意识，持续推进标准化创建。陕西省制订统一《生猪屠宰企业标准化创建方案》，抓住屠宰企业主体责任和驻场人员监管责任落实两个“关键”，围绕生猪入场、生猪准宰、同步检疫、产品准出“四条主线”，对屠宰企业从基本资质、环境卫生、设备配置、人员要求、检疫检验、台账记录、管理制度、操作规范 8 个方面 54 个质量安全关键控制点进行整改提高。一是严格要求各地落实属地管理责任。按照地方政府负总责要求，建立健全畜禽屠宰行业管理工作协调机制，加强部门间协调配合，形成“政府领导、部门负责、齐抓共管”的畜禽屠宰行业管理工作新机制。二是落实屠宰企业产品质量安全第一责任人责任。建立健全畜禽进厂（场）屠宰登记、待宰静养、肉品检验、“瘦肉精”检测、非洲猪瘟自检、病死畜禽无害化处理等制度，落实好各项质量安全控制措施。强化屠宰检疫监管，严格执行屠宰检疫规程，规范屠宰检疫出证行为。建立健全畜禽屠宰监管台账制度，对畜禽进场、索证验物、屠宰检疫检验、肉品出场和病害畜禽无害化处理等实行全过程档案管理，切实做到来源可溯、去向可查、责任可追究。

陕西省大红门屠宰场标准化创建前后对比

强化技术培训，提升行业管理效能。逐步形成了以“设施完善、制度严格、技能娴熟、质量保证”为核心内容的规范化管理模式。全省屠宰监管人数由原来的 224 人精简到 68 人，降低了行政成本，提高了管理效率。2014 年监管职能移交后，每年举办 2 期生猪屠宰企业肉品品质检验人员培训班，共举办了 8 期培训班，一周时间的集中培训主要包括畜禽屠宰有关的法律法规、猪的宰前和宰中检验及处理、有害残留物与肉品品质检验、“瘦肉精”等违禁添加物快速检测及生猪屠宰检疫规程、实验室检测以及生猪解剖检验实践操作等内容，共培训 694 人，其中肉品检验员 639 名，管理人员 55 名。同时，为了提高屠宰监管人员的能力和水平，每年举办屠宰监管执法培训班，并结合召开屠宰会议、官方兽医培训和工作实际，省级共组织培训班 8 期，对屠宰行业管理人员、屠宰检疫人员和屠宰行业信息统计人员进行专门培训，培训 869 人（次），有力提高了监管人员水平和素质，为依法执政打下坚实的基础。

完善质量监管，保证肉品质量安全。屠宰企业初步建立了产品可追溯、质量可控制、去向可查明的质量安全监管体系。通过畜牧兽医部门与食药、公安以及民族宗教等部门密切配合，各司其职，联合执法，无缝对接，共同开展行业专项治理，形成了各部门齐抓共管的强大合力，震慑了非法经营，生产、销售不符合安全标准肉品行为的发生，有效净化了畜禽屠宰行业环境。全省肉品抽检合格率由92%上升至98%，肉品质量逐年提升，确保了人民群众“舌尖上的安全”。

延伸产业链条，提升企业规模化水平。大批省内现代企业和全国屠宰行业领头企业，积极参与屠宰场建设和屠宰分割加工业深发展，不断延伸产业链。双汇、大红门、本香、石羊、秦宝等全国畜禽屠宰行业领头企业陆续进军陕西省屠宰行业，其中陕西双汇年设计年屠宰分割生猪规模达200万头，居全国前列。富强宏图、神木旺洋分别建设1 000万头（只）肉鸭和肉羊生产线达到国内一流水平，有效促进了屠宰标准化规模与产业化经营的互动式发展。

积极加大投入，主动提升品牌形象。精简屠宰企业数量后，陕西省行业整体水平有了显著提升，全省生猪屠宰量实现较大增长。各企业年均屠宰量明显增加，经济效益显著提高，企业生产设备改造提升信心进一步增强。在积极开展标准化创建活动的过程中，企业的主体意识不断强化。一是企业投入意愿加大。各企业投入标准化创建资金达750万元，进一步更新生产设施设备，不断加强屠宰工人和肉品品质检验人员技能培训。二是企业质量安全意识增强。各企业从制度执行、人员管理、设备配置、产品配送等多个环节严格管理，确保从入场到出场的全链条安全。三是品牌建设意识增强。不少企业想方设法拓宽销售渠道，延伸产业链，不断加大宣传力度，全力打造企业品牌形象。35家屠宰企业共开办直营店126家，以“大红门”“雨润”“双汇”为代表的一批名优品牌应运而生，成为市场上的“香饽饽”。

（陕西省农业农村厅供稿）

第七节

利用信息化手段破解技术难题

- 广西壮族自治区
- 黑龙江省
- 吉林省
- 辽宁省

广西壮族自治区打造智慧动监　持续提高监管效率

▶摘要

为提高动物卫生监督效率，广西壮族自治区加强动物卫生监督信息化建设，研发了动物检疫安全溯源、病死畜禽无害化处理监管、生猪运输车辆管理、广西动监e通等4个动物卫生监督信息管理系统，并不断完善优化，着力打造智慧动监。为推进动物卫生监督信息化管理普及和推广应用进程，广西壮族自治区积极争取财政支持，制定建设标准、强化应用培训，认真探索创新，融合信息系统，解决信息互通难，实现资源共享，有效解决了动物卫生监督任务重与监督执法人员少的矛盾，提高了动物卫生监管效率。

广西壮族自治区是畜牧养殖大省区，畜牧业是广西农业的支柱产业。动物卫生监督工作涉及千场万户，工作点多、面广、链长，特别是非洲猪瘟疫情发生后，各级党委、政府更是将动物卫生监督工作作为保护畜牧业健康发展的重点工作来抓，对动物卫生监督工作提出了更高要求。但动物卫生监督机构面临动物检疫工作量大、任务重、监管环节多、执法人员少等难题，采用传统的工作方式方法已难以做好新形势下的动物卫生监督工作。为解决任务重与人员少的矛盾，自治区着力打造智慧动监，把动物卫生监督信息化建设作为提升动物疫病防控能力、保障畜产品质量安全的重要抓手，切实加强信息化建设，探索新型监管模式，推动“互联网+”在动物卫生监督工作上的应用，大大提高了监管效率。

一、结合工作要求，完善优化动物卫生监督信息管理系统

（一）完善动物检疫安全溯源系统功能，满足出证和管理需要。动物检疫安全溯源系统包括动物检疫证章标志账务管理、动物产地检疫电子出证、动物产地检疫申报管理、家畜屠宰检疫电子出证、家禽屠宰检疫电子出证、动物检疫溯源管理、动物检疫电子出证CA认证和指纹原笔迹电子签名、动物产地检疫移动电子出证、家畜屠宰检疫移动电子出证等9个子系统。动物检疫安全溯源系统具有9方面功能，一是具有动物产地检疫、屠宰检疫电子化出证功能；二是具有动物检疫事中事后监管功能，监管人员可查询动物检疫、屠宰等异常信息；三是具有查询、统计调入和调出动物和动物产品检疫信息、数量功能；四是具有对官方兽医、协检员和检疫申报人实行电子化管理的功能；五是具有动物检疫合格证明领用、保管和使用情况全程电子信息化管理功能；六是具有动物产地检疫远程电子

出证功能，养殖企业通过系统申报产地检疫，协检员负责现场协助产地检疫，官方兽医在动物检疫申报点开展远程视频检疫和远程出证；七是具有移动电子出证功能，可以采用手机和便携式热敏打印机进行移动电子出证；八是具有与中国动物疫病预防控制中心的动物检疫电子出证平台相互交换信息的功能，实现自治区与全国各地动物检疫信息的互联互通、数据共享；九是具有对生猪及其产品运输全程监管功能。

（二）完善病死畜禽无害化处理监管系统，实现精准审核申报补助数据。广西壮族自治区实施病死动物无害化处理的模式多种多样，并且存在处理点多、位置偏僻、监管人员不足、交通不便等问题。为了精准审核无害化处理补助申报数据，系统融合了视频监控记录、车辆GPS定位，可对运输车辆位置实时定位和历史轨迹回放，并自动采集耳标二维码编号、自动生成收集及无害化处理数据报表，实现养殖户报收病死猪到监管部门即时监管、材料审核、数据上报的无缝对接，病死猪收集、无害化处理、申报补助信息可追溯，确保无害化处理补助申报、审核准确。

（三）不断完善生猪运输车辆管理系统，实现便捷审核和精准惩戒违规行为。生猪运输车辆管理系统设置电脑网页端和手机APP两种管理模式，具备生猪运输车辆备案办理、车辆跟踪、相关备案信息统计上报及整理归档、运输电子台账等功能。承运人使用APP申请运输车辆备案、录入上传运输台账，监管人员在后台进行审核，自动生成备案、运输行程电子台账、车辆备案表、消毒台账和统计报表等，实现了整套打印的功能，提高了审核效率。同时增加了车辆问题行程、偏离异常管理、行程目的地管理、反馈意见通知书、车辆黑名单管理等功能，将未按规定路线、既定目的地运输的车辆列入“失信黑名单”。

（四）完善广西动监e通，使其更简便易操作。监管人员使用智能手机“广西动监e通”作为移动执法终端，利用移动网络，实现数据查询、监督检查记录、执法办案、动物检疫、养殖档案、无害化处理、协同办公、官方兽医学习考试等功能。使用智能手机，扫一扫生猪耳标二维码，可查询生猪的来源产地；写一写动物检疫证明号码，可辨别检疫证明的真伪；点一点GIS地理信息模块，可查询及追溯运输车辆GPS定位跟踪、运行轨迹；查一查执法办案模块，可统计、分类、汇总案件情况；搜一搜基础信息模块，可查询养殖场养殖情况。动物卫生监督机构人员、官方兽医可随时随地办公、学习、培训、查询法律法规和相关文件。

二、积极创造条件，加快推进动物卫生监督信息化管理普及和推广应用进程

（一）财政支持，完善设备。近年来，自治区财政累计投入资金3 600万元，用于购置服务器及终端设备、建设信息管理平台、数据库、移动APP和研发系统软件，为全区1 260个动物检疫申报点配置电脑、打印机等设备，为执法人员配备移动执法终端、支付运营费。

（二）出台文件，指导建设。印发了《广西动物卫生监督监管平台建设指导意见的通知》和《关于进一步提升信息化管理水平推进“广西动监e通”应用的通知》等文件，制定动物卫生监督信息化建设标准和要求，推进信息标准化建设。

2019 年 10 月检查人员使用移动设备“广西动监 e 通”开展业务查询

（三）强化培训，积极推进。实行层级培训，自治区层面组织举办市级师资培训班，市级组织举办本辖区师资培训班，县级负责乡镇畜牧兽医站管理人员及管理相对人的培训，并举办现场观摩培训班，使使用人员对信息化管理系统的使用有了直观认识，快速熟悉使用系统，确保使用人员会用、用好。

三、充分发挥动物卫生监督信息管理系统作用，有效解决难点问题

（一）融合系统，破解难题。为解决各个子信息系统之间、自治区层面与国家层面管理系统之间未链接、信息数据互为孤岛的问题，积极与中国动物疫病预防控制中心、自治区大数据局等沟通，制定大数据标准体系，规范数据采集，完善数据管理，实现资源共享，逐步完成了基础数据推送共享。

（二）适应形势，探索创新。为适应非洲猪瘟防控工作需要，探索实施了动物产地检疫远程电子出证和移动电子出证，避免了货主运输动物到集中检疫点申报检疫造成的疫病传播，极大提高了官方兽医的检疫工作效率，解决官方兽医人员不足问题。

四、启用动物卫生监督信息管理系统，取得明显成效

全区 125 个动物卫生监督机构执法人员配备了 595 套移动终端。“广西动监 e 通”APP 登录用户数量 1 640 名。据统计，2019 年全区出具产地检疫证明 158.65 万张、屠宰检疫证明 932.91 万张；共录入监督检查记录 6 511 条，上报案件 1 594 件。2018 年 11 月至 2019 年 12 月，广西壮族自治区通过生猪运输平台备案的车辆 6 060 辆，完成运输台账 61 700 多车次，被列入“失信黑名单”的生猪运输车辆 152 台，启用动物卫生监督信息管理系统成效明显。一是监管效率提高。监督执法人员实施动物卫生监督

检查，利用智能手机的 APP 即时在移动终端 APP 勾选监督检查项目、拍照上传图片、手机签字即完成监督记录，并可随时查阅检查记录，利于实行针对性监管。二是降低监管成本。监管人员可通过信息管理系统完成病死猪无害化处理申报监管、审核、检疫申报受理等，按照规定拍照、录像、GPS 定位上传数据即可完成，大大降低了监管成本。三是显现痕迹化管理。每个官方兽医具有唯一账号绑定身份，根据不同的工作岗位和不同的区域，官方兽医在行使检查记录、审核条件时，系统可自动采集并生成处理地点和时间，实现了痕迹化管理。四是实现信息共享。通过与中国动物疫病预防控制中心各大管理系统对接、数据整合和电脑 PC 端共享，执法人员可通过智能手机在动监 e 通查询牲畜耳标溯源、动物检疫证明等相关信息，实现动物及动物产品的溯源。

（广西壮族自治区农业农村厅供稿）

完善监测服务体系　搭建监测网络平台
黑龙江省切实提升动物疫病监测能力

▶摘要

黑龙江省全面加强各级兽医实验室能力建设，积极鼓励和引导社会资源参与动物疫病检测服务，制订精准防控方案等方面搭建了服务平台。通过构建第三方兽医实验室市场监测与动物疫病预防控制机构官方监测相结合的“第三方实验室＋疫控系统”动物疫病监测体系，共享兽医实验室和专家资源，有力地推动了社会资源整合，为养殖场户咨询动物疫病防控技术，满足个性化检测需求，弥补了兽医公共资源和政府检测力量不足，有效提升了全省动物疫病防控工作水平。

2019年，黑龙江省紧跟国家政策导向，积极鼓励和引导第三方动物疫病检测机构参与动物疫病检测服务，逐步构建市场监测与官方监测相结合的“第三方实验室＋疫控系统”动物疫病监测体系，有效提升了动物疫病防控能力。

一、工作思路

完善动物疫病监测基础设施和装备条件，提升各级兽医实验室动物疫病监测能力，引导市场资源加入疫病监测体系，推动第三方检测机构和各级疫控机构有机结合，创建全省“第三方实验室＋疫控系统”动物疫病监测网络平台，共享兽医实验室和专家资源。采用“互联网＋兽医社会化服务”策略，推动社会检测资源的综合利用，弥补兽医公共资源和政府检测力量的不足，提升重大动物疫情预警预报能力，为政府部门精准制定动物疫病防控政策提供有力技术支撑。

二、主要做法

（一）强化疫控机构建设，提升监测预警能力

坚持把提升兽医实验室能力作为年度重点工作，加大各级疫控机构实验室基础设施装备的投入力度，切实提升全省动物疫病监测预警能力。省财政投入918万元专项资金，支持8个地市、10个畜牧大县配备非洲猪瘟检测仪器设备；鸡西、鹤岗等市分别投入200余万元改造升级实验室；其他市县也纷纷投入资金，配齐荧光PCR仪等仪器设备。目前，全省84个市县全部配备荧光PCR仪等非洲猪瘟检测仪器。积极推动非洲猪瘟检测资质授

权工作，经过检测能力比对和实验室生物安全现场评估，分7批授权72家疫控实验室和4家第三方兽医实验室开展非洲猪瘟检测工作。定期组织开展全省实验室检测能力比对考核，采取理论考试、实验操作和盲样检测等方式，以考代训、以考促训，检验和提升实验室检测诊断能力。经常性举办全省动物疫病监测技术、采样技术、净化技术、兽医实验室建设、生物安全管理、非洲猪瘟专项监测等培训班，培养实验室专业技术人员，为全省动物疫病监测工作提供技术保障。

（二）引导调动市场资源，完善检测服务体系

积极引导调动市场资源参与动物疫病检测工作，初步构建了以第三方兽医实验室、各级疫控机构、科研教学单位为主体的检测服务体系。先后培育了10家第三方动物疫病检测机构，指导其新建、改（扩）建兽医实验室，合理布局病毒学、细菌学、血清学和分子生物学等功能分区，配齐生物安全柜、荧光定量PCR仪等仪器设备，充实专业检测队伍，使其具备承担动物疫病监测工作条件。鼓励支持中科基因等第三方实验室参加2019年国家认监委组织的“猪瘟诊断检测技术”能力验证，提升检测技术能力。采用“互联网＋兽医社会化服务”策略，联合第三方检测机构、各级疫控机构、科研教学单位，共同打造专家团队，共享兽医实验室和专家资源，为养殖场户咨询动物疫病防控技术，满足个性化检测需求，制订精准防控方案等方面搭建了服务平台。

2018年5月黑龙江省农业农村厅与生物信息公司研讨“互联网＋兽医社会化”服务

（三）创建监测网络平台，推动信息资源共享

积极推动将第三方检测数据纳入官方监测系统，创建覆盖全省的“第三方实验室＋疫控系统”动物疫病监测网络平台，将省、市、县、乡、村各类防疫信息数据实时录入管理系统，形成动物防疫数据库，实现养殖数据、强制免疫、疫情监测等信息的网络化管理，全面提高信息收集、信息整合、信息分析和信息反馈能力，形成覆盖全省的动物疫情监测网络。运用动物疫病监测网络平台，实施智能化实时监测，及时有效掌握黑龙江省各类应免动物分布、疫苗使用、疫情发生、动物防疫进展情况，评估各类动物疫病在不同地区的发生风险和疫情态势，实现疫情风险分析和预警预报，提高动物疫病防控和动物卫生监管水平，为全产业链畜禽健康和动物产品质量安全提供保障。

三、解决难点问题

一是通过培育和发展第三方实验室广泛参与动物疫病检测，改变单一依靠官方动物疫控机构承接检测任务的状况，解决了检测资源难以满足快速增长的检测需求问题。二是通过建立监测网络平台，将第三方检测数据纳入政府监测系统，实现全链条动物疫病的全覆盖监测，解决了疫病监测数据不全面的问题。三是通过指导、培训和交流，加强第三方实验室软硬件建设，提升检测能力和规范化管理，解决了第三方实验室建设和管理水平参差不齐且缺乏有效监管的问题。

四、取得成效

一是形成了“第三方实验室＋疫控系统”检测合力，促进检测市场主体多元化，探索构建了疫控系统指导引领、第三方兽医实验室广泛参与、共同承担动物防疫检测任务的新模式。通过促进第三方实验室与疫控系统实验室协同发展，共同组建和完善检测市场体系，形成检测合力，推动了社会检测资源的综合利用，弥补了兽医公共资源和政府检测力量的不足。

二是建立了覆盖全省的疫情监测网络，增强了重大动物疫病预警预报和应急处置能力。将第三方检测数据纳入政府监测系统，拓宽了监测的范围，提高了疫情监测有效性和覆盖率，全年监测数据较上年增加 12 万余份。通过建立检测网络平台，对全链条实施动物疫病实时监测，评估疫病发生风险，及时发布预警预报，指导制订防控策略，在非洲猪瘟等重大动物疫病早发现、早报告和早处置方面发挥了重要作用。

三是提高了第三方实验室的标准化建设和管理水平。初步建立实验室标准化体系和管理模式，通过实验室生物安全监管、非洲猪瘟检测授权、检测能力比对、管理规范指导、技术培训交流等方式对第三方实验室进行监管，促进了第三方实验室标准化建设和规范化管理。目前 7 家第三方实验室通过资质认证（CMA），3 家通过实验室认可（CNAS），4 家获得非洲猪瘟检测授权。

四是创新了兽医社会化服务模式，提升了服务水平。实施“互联网＋兽医社会化服务”，创建了服务畜牧产业发展新模式，针对养殖、屠宰等企业个性化需求，提供科学、高效、简便的一站式精准服务，打通服务的“最后一千米”，从广度和深度上提升了兽医社会化服务水平。全年成功服务 1 000 余家畜禽养殖场、80 余家屠宰场和 50 余家畜禽产品加工企业，覆盖畜禽饲养规模 600 余万头（只）次。

（黑龙江省农业农村厅供稿）

吉林省建设96605多功能平台　构建现代兽医服务体系

▶摘要

针对动物防疫工作的新形势、新特点，吉林省畜牧业管理局从强化信息化手段着手，建设了96605省畜牧兽医技术服务中心平台，包含热线电话、微信公众号和视频直播，加强对国家和省有关畜牧兽医工作的政策解读、宣贯、引导，以微视频、有声读物、宣传片等形式，吸引广大养殖场户和相关从业人员学习和接受。同时，以96605平台为基础，融合接入养殖场户基础信息普查、动物运输车辆备案管理、强制免疫“先打后补”、动物检疫信息和检测报告公示等功能，成为信息化工具平台，在全省非洲猪瘟等重大动物疫病防控工作中起到了重要作用，受到全省畜牧兽医系统和广大养殖场户的欢迎。

一、背景

根据省委、省政府关于实施乡村振兴战略部署，吉林省提出构建现代畜牧业3+1体系，打通信息服务三农“最后一千米”，促进畜牧行业健康发展和农民持续增收。从吉林省梳理调研结果和总结工作实践发现，养殖场户遵章守法观念和生物安全管理意识淡薄成为现代畜牧业快速发展的关键障碍。

二、工作思路

通过成立了96605畜牧兽医技术服务中心，利用信息化手段开展科普宣传和技术培训工作，提高养殖场户以及相关从业人员法律法规意识和生物安全管理意识。以96605平台为基础，拓展信息化监管能力，提升工作效率，使其成为集宣传、培训、咨询、服务、交流、举报、监管为一体的综合性平台，构建出现代兽医服务与监管体系。

三、主要做法和成效

（一）设立服务热线，为基层用户答疑解惑。吉林省畜牧业管理局迅速组建全省畜牧兽医专家队伍，全面开通96605服务热线，实时解答全省基层养殖场户及畜牧兽医从业者提出的政策法规、养殖技术、疫病防控、价格行情等问题并受理行业举报。截至2020

年 7 月，96605 服务热线累计解答群众咨询 7 600 余人次，抽查回访满意率 100％。基于广大养殖场户的普遍认可和一致好评，96605 服务热线又被省政府及省畜牧局确定为“吉林省畜牧行业监管举报电话、泔水饲喂生猪举报电话和省畜牧局扫黑除恶举报电话”。

（二）开通微信公众号，全方位开展线上服务。省畜牧兽医技术服务中心（96605 平台）组建宗旨和工作目标是为畜牧兽医行业领域提供全方位信息化服务，96605 微信公众平台结合畜牧业工作实际和基层需求深入研讨并最终确定了政策法规、非洲猪瘟、养殖技术、病例分享、兽医微视、视频培训等 15 个子栏目，其中非洲猪瘟栏目是在我国发生首例非洲猪瘟疫情后，为响应社会关注，回应社会关切而增设的全新栏目，重点对国内疫情追踪发布，对相关政策及时更新，并通过图表、有声科普、微视频等多种形式宣传解读防控知识，带动广大养殖场户理性面对疫情，及时掌握疫情态势，全面落实各项防控措施。同时，及时编发辟谣信息，正确引导普通消费者认识非洲猪瘟，避免造成不必要的恐慌。经过 2 年来的精心维护和有效运行，目前 96605 微信公众平台关注用户已达 3 万余人，累计编发推送畜牧兽医相关文章 1 200 余篇，录制发布微视频及视频培训课件 140 余个，原创病例 200 余篇。

（三）创新形式，开展线上直播交流培训。2018 年末，吉林省畜牧兽医技术服务中心（96605 平台）正式引进直播平台，搭载于 96605 微信公众号视频培训栏目，并与省畜牧局视频会议系统对接，实时开展畜牧业生产和疫病防控等系列技术培训。2019 年 2 月 22 日，第一次利用直播平台顺利召开了吉林省畜牧局大型视频直播会议——全省养殖场户非洲猪瘟防控专题会议，当次直播参与人数达 4 万余人次。近两年来，96605 直播平台作用发挥得到了普遍认可，累计举办非洲猪瘟等重大动物疫病防控、畜禽养殖废弃物资源化利用、屠宰行业安全生产、畜牧产业精准扶贫等共计 36 期直播培训，累计直播观看 38 万余人次。

（四）强化宣传，助力畜牧产业地位提升。为全面提升 96605 平台影响力和信息化服务的针对性、实用性，特别邀请行业内知名专家，以生猪复养、非洲猪瘟等重大动物疫病防控关键点、季节性常见病流行病防控等为题，录制拍摄大量科教知识微视频，形式多种多样，语言通俗易懂，满足普通养殖场户的技术渴求。为展现平凡的畜牧兽医人员真实工作状态，96605 平台组织拍摄基层工作纪实片，钻牛棚、进猪圈，顶烈日、斗严寒，完美呈现出多期热点。《以平凡致敬不凡——一位乡镇畜牧兽医站长的一天》《无声的守候——一位产地检疫员的一天》《全能好兽医——基层兽医工作纪实》等短视频宣传片，在新华社、人民日报等主流媒体客户端发布，浏览量达 500 万余人次，让全社会了解畜牧兽医工作者这个默默付出的群体。

（五）拓展功能，精准提供信息公示服务。为拓展 96605 平台信息化服务功能，在微信公众号设立专栏，开通畜禽养殖场户基础信息采集、重大动物疫病强制免疫“先打后补”、动物运输车辆备案 3 个信息化系统入口，方便基层用户登录填报。开通信息公示栏目，定期上传公示检疫证明和检测报告，通过信息化手段实现了省内备案的动物运输车辆

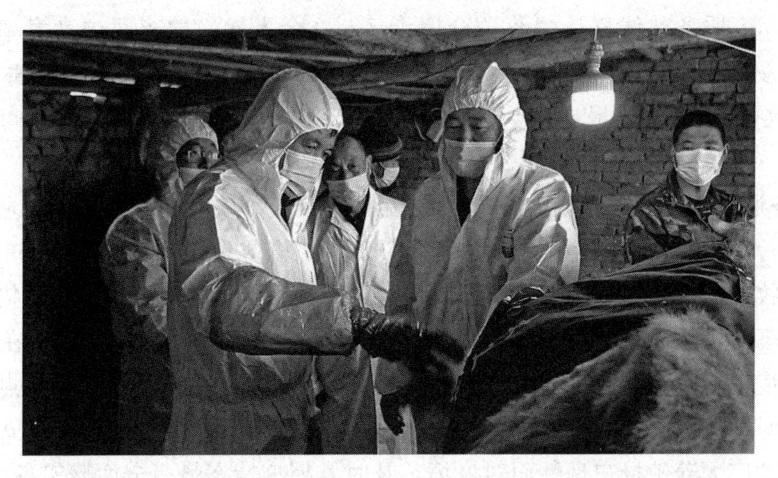

2020 年 4 月吉林省畜牧兽医技术服务中心组织拍摄临床诊疗视频

信息联动、全网可查，做到了动物检疫、检测信息便捷查询、可辨真伪，有效防范了不法行为发生，更有利于社会监督。

（六）服务三农，帮助养殖场户解决供销难题。新冠肺炎疫情期间，因疫滞销的养殖场户多次打求助电话，希望得到平台的帮助。面对这一需求，96605 平台特别开设“疫情期间畜禽产品产供销服务专栏”，对因疫情导致的防疫、饲养、销售等难题的养殖参与者提供便民服务，及时发布供求信息，帮助基层场户打开滞销产品销路。例如，吉林省磐石市黑石镇一蛋鹅养殖专业户生产的鹅蛋因疫滞销大量积压，十分焦急。96605 平台及时发布蛋源销售信息后，因疫滞销的 10 000 余枚鹅蛋很快打开销售渠道，并销售一空，后续订单持续火爆，并和多个孵化场达成长期合作意向，建立了长期稳定的销售渠道。

四、解决的难点问题

（一）整合资源入口，解决了基层咨询难、交流难的问题。吉林省畜牧兽医技术服务中心（96605 平台）设立了 96605 服务热线、96605 微信公众号和 96605 直播平台三大服务板块，与基层畜牧兽医从业人员和养殖场（户）之间建立高效的信息沟通渠道，全方位开展畜牧业生产和疫病防控信息化服务，有效避免了各主管部门接口众多，基层群众一头雾水的尴尬情况，也切实解决了网络信息鱼龙混杂、真假难辨的问题。通过将发表文章数量纳入全省加强重大疫病防控延伸绩效管理评估，鼓励各市县在平台上总结经验、交流体会，极大地推动了各地工作方式的转变，提升了工作成效。通过发表病例志，交流兽医诊疗经验，促进了动物诊疗水平的整体提升。

（二）拓展平台功能，解决了部门监管难、查询难的问题。

随着畜禽养殖业整体水平的快速提升机构改革的推进，用信息化手段提升监管能力、提高工作效率势在必行。96605 平台在微信公众号设立专栏，开通畜禽养殖场户基础信息采集、重大动物疫病强制免疫“先打后补”、动物运输车辆备案等信息化系统入口，方便基层用户登录填报。同时，开通信息公示栏目，定期上传公示检疫证明和检测报告，通过信息化手段实现了省内备案的动物运输车辆信息联动、全网可查，做到了动物检疫、检测信息便捷查询、可辨真伪，有效防范了不法行为发生，更有利于社会监督。

（吉林省畜牧业管理局供稿）

辽宁省建立动物检疫监督智能化管理新模式

▶**摘要**

辽宁省从养殖业发展实际出发，以信息化建设为引领，转变工作思路、创新工作方法、优化工作机制，建立了覆盖省、市、县、乡三层四级、集6大系统为一体的辽宁省动物卫生全程监管信息追溯平台系统，实现了动物检疫监管工作全面网络化运行，全方位立体智能化管理，全省动物检疫监督工作提档升级，畜产品质量安全得到保障，畜牧业持续向好发展。

一、顶层设计，构建全业务链信息化管理体系

构建了从养殖、调运、检疫到屠宰的全业务链数字化信息化管理体系，该体系包括3个系统和2个终端。3个系统指动物卫生监管信息追溯系统、远程视频监控系统、运输动物、动物产品车辆定位管理系统；2个终端指“辽宁动监”手机客户端和肉品质量全程追溯电子秤。该体系是集动物卫生监督工作网上管理、业务工作程序化运行、监管场所远程视频监控、流动车辆定位管理及动物产品全程追溯等功能为一体的动物卫生监督管理体系，承载着全省各类监管场所海量数据存储与分析。该监管体系的建立，全面提高了动物卫生监督工作规范化、标准化，实现了工作目标设定、过程可查看、结果可验证的科学的管理，为各项工作措施的有效落实打下了坚实基础。

二、创新机制，保障监管措施的有效运行

为保障监管措施的有效运行，辽宁省开创性地建立了动物卫生监管信息网络化、智能化管理机制。一是将动物卫生监督业务工作全部纳入网络化管理，研发了包括体系监管、检疫管理、防疫监督等8大方面内容，17个业务功能模块的动物卫生监督业务追溯系统，该系统实现了辽宁省动物卫生监督工作网络化全覆盖，实现了对动物卫生监管基本信息、管理措施、工作程序、工作效果的实时动态掌握，做到了透明化管理。二是创建了以动物检疫合格证明电子出证为抓手的动物卫生监管信息追溯平台各业务模块关联机制。建立了电子出证与场所备案信息、监督记录、免疫档案、票证发放、跨省查验关联机制，各项业务工作环环相扣，互为因果，推动了动物卫生监督相关政策措施的网上规范化落实。

辽宁省动物卫生监管信息化追溯平台指挥中心一角

三、创新技术，全面提升动物卫生监管水平

为实现全方位立体无死角监管，辽宁省引入定位、追溯、监控技术，全面提升动物检疫监管水平。一是创新性地将GPS定位管理系统应用于对运输动物、动物产品车辆的定位管理中，开展了对过境及境内运输动物、动物产品车辆的定位管理工作，通过定位管理系统可对目标车辆进行实时跟踪和轨迹回放，对越界报警、轨迹异常、时间异常的车辆及时调查处理，解决了动物、动物产品流通环节监管难的问题，维护动物、动物产品调运、检疫正常秩序。二是重点监管场所全面实现远程实时动态监控。远程视频监控系统由省、市、县三级监控平台和饲养场、屠宰场、隔离场、无害化处理厂等监管场所监控终端四级构成，通过监控系统可实时查看和调取回放监控画面，可实时与省界间动物卫生监督检查站进行远程语音对讲，实现了对监管场所和动物卫生监督检查的全面、动态、可视化监控。三是创新研制完成肉品质量全程追溯电子秤。追溯电子秤的追溯终端系统可通过无线网络或IC芯片卡与动物卫生监督信息追溯系统无缝对接，动物产品可以追溯其产地、屠宰地、销售地及产品检验检疫等信息，解决了动物产品追溯“最后一千米”的问题，全面实现动物、动物产品全程可追溯管理，提高了动物产品质量安全水平。

四、智能化管理，全面提升动物疫病监督风险管控水平

为实现智能化管理，有效管控疫病监督风险，辽宁省一直致力于打造智慧监督平台，取得了良好成效。一是开创了动物卫生监督风险评估模式。创建了动物卫生监督风险评估框架模型，评估指标涵盖了动物卫生监督全部重点内容，指标数据从动物卫生监管信息追溯平台自动提取，风险结果实时动态直观显示在地图上。监管人员可通过大数据预警功能了解掌握动物检疫监督情况，及时发现风险点，及时排查处理，提升动物、动物产品安全

监管水平。风险评估模型，成为客观反映动物卫生监督工作实效，及时发现工作短板及制订有效管理措施提供了重要科学参考。二是构建无害化数据异常预警模型。根据该模型各级动物卫生监管机构，可以了解本地区病死动物无害化处理情况，及时发现异常，排除风险。该模型可以判断死亡数据的合理性，能够提供辽宁省重点防控管理的动物疫情早期预警信息。三是构建大数据展示分析模型。通过大数据展示分析模型，可了解掌握全省动物、动物产品调运、检疫、无害化处理总体情况，数据比对分析，研判检疫监管形势，为政策、措施的制订提供数据参考，制订措施更加精准有效。

五、创建服务模式，全面提升服务质量和效率

一是创建动物卫生监管信息追溯平台＋移动动监＋微信小程序服务管理模式。客户端数据与动物卫生监管信息追溯平台数据实时同步，管理相对人通过动物卫生监管信息追溯平台和手机客户端可进行检疫申报、检疫证明查询、政策查询等业务操作，随时随地进行查看业务、跟进进度，极大方便了管理相对人。二是创建远程培训＋企业微信培训管理模式。切实解决了全省动物卫生监督优质资源难以共享的问题，实现了授课专家与受训人员视频交流，政策措施直达基层，切实解决培训、政策解读“最后一千米”的问题，全面提升了对一线工作人员及养殖户、屠宰企业的培训和服务水平。

（辽宁省农业农村厅供稿）

第三章　心得体会篇

03

第一节

充分用好“指挥棒”——加强延伸绩效管理

- 贵州省
- 湖南省
- 黑龙江省
- 山东省
- 陕西省
- 辽宁省
- 山西省
- 宁夏回族自治区

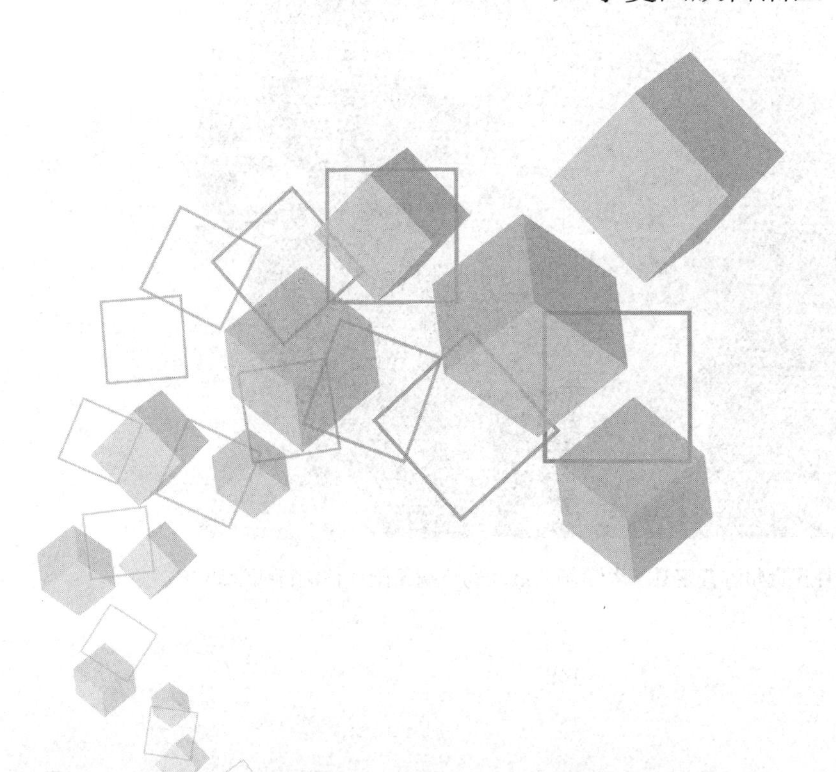

贵州省推进实施绩效管理　开创动物防疫新格局

近年来，按照农业农村部部署要求，贵州省积极发挥重大动物疫病防控延伸绩效管理“指挥棒”作用，在绩效管理“考什么、怎么考、如何用”上下功夫，充分运用绩效管理手段来传导压力、激发动力、形成合力，以督促考、以考保督，持续推进强制免疫、检疫监督、屠宰管理、兽药监管等各项工作，全省未发生区域性重大动物疫情，为生态畜牧业健康发展、公共卫生安全提供了有力保障。

一、做好绩效管理工作，必须强化顶层设计

贵州省根据重大动物疫病防控基础和疫情形势，紧紧围绕重大动物疫病防控延伸绩效管理指标体系，制订《贵州省重大动物疫病防控绩效管理实施方案》，提出重大动物疫病防控“1＋6＋3＋6”工作思路（即围绕不发生区域性重大动物疫情和重大畜产品质量安全事件这一“核心目标”，抓好非洲猪瘟防控、春秋季集中免疫、人畜共患病防治、防疫综合性改革、《条例》贯彻落实、屠宰管理“六项重点工作”，做深做实理论学习、政策落实、机制创新“三篇文章”，大力实施推进能力提升、风险防控、疫病净化、调运严管、屠宰联打、兽医社会化服务“六大行动”），纵深推进各项防控措施落地落实见效。

2019 年 11 月在贵州省普定县某养殖场开展动物疫病风险评估流行病学调查

二、做好绩效管理工作，必须强化协调联动

充分发挥贵州省重大动物疫病防治指挥部、非洲猪瘟防控应急指挥部统筹协调功能，定期召集指挥部成员单位召开联席会议，通报非洲猪瘟等重大动物疫病防控进展，分析防控形势，共同研究防控政策措施，凝聚农业农村、公安、交通运输、市场监管等部门力量，定期或不定期开展联合督导和执法检查，推动形成重大动物疫病防控合力。

三、做好绩效管理工作，必须强化担当作为

围绕绩效管理目标任务，积极争取省政府将非洲猪瘟防控纳入政府目标考核，坚持“抓好是本职，不抓是失职，抓不好是渎职”的理念，层层传导压力，逐级压实责任。在省委、省政府统一部署下，省农业农村厅牵头联合公安、交通运输等部门开展督查暗访，对少数地方不担当不作为造成严重影响的，坚决查处、毫不手软。2019 年全省共查处国家公职人员在动物疫病防控方面的违法违纪违规行为 23 起，移交纪委监委 17 人。

四、做好绩效管理工作，必须强化督促检查

对照绩效管理指标体系，坚持督中有考、考中有督、以督促考、以考保督的思路，突出看过程、看痕迹、看结果、看成效，做到真考、实考、严考，针对突出问题精准发力、靶向治疗，实时跟踪问效，推动各项指标任务保质保量按时完成，全省连续多年保持强制免疫应免密度 100%，强制免疫平均免疫抗体合格率 70%以上，以行政村为单位的产地检疫覆盖率 100%。

五、做好绩效管理工作，必须强化创新引领

近年来，贵州省围绕绩效管理创新动物防疫模式，不断推进动物防疫社会化服务，鼓励防疫公司、合作社等专业化服务组织承接强制免疫等工作，目前已覆盖所有 9 个市（州）49 个县（市、区）374 个乡（镇、街道），在一定程度上缓解了传统防疫模式下防疫队伍不稳定、报酬待遇偏低等问题。在非洲猪瘟防控中，一些地方探索在屠宰环节将生猪待宰区独立设置在屠宰区 3 千米外，对进场屠宰生猪进行一定时间的隔离观察，经观察无异常且经非洲猪瘟检测合格后，批量运至屠宰场进行集中屠宰，减少了生猪交叉感染的风险。为做好兽药监管工作，依托“大数据”“互联网＋监管”信息平台，建立了“贵州省畜牧兽医信息平台”“贵州省兽药安全信息化监管系统”“贵州省兽药 GUP 电子追溯系统”，基本实现了兽药生产经营使用全程追溯管理，多次在农业农村部召开的会议上作交流发言。

（贵州省农业农村厅供稿）

湖南省推动动物疫病防控工作创新发展

湖南省是畜牧业大省，做好动物防疫工作意义重大。如何创新管理机制和工作手段，推动动物疫病防控工作实现跨越性发展，更好地为养殖业和公共安全保驾护航，是摆在湖南省各级政府面前的一道难题。近年来，湖南省强化绩效管理，狠抓责任落实，强化财政保障，创新工作举措，确保各项防控措施发挥重要作用，也为做好重大动物疫病防控工作摸索出了一条新路子。

一、主要做法

一是领导高度重视。湖南省委书记杜家毫、省长许达哲、省委副书记乌兰、副省长隋忠诚等领导多次在省委全会、省委常委会、省政府常务会、省政府专题会、全省非洲猪瘟防控电视电话会议上对重大动物疫病防控工作进行安排部署。各级党委政府勇于担当，组织部署严密，保障机制逐步完善，各级领导靠前指挥，始终保持高层次推动、高效率运转、高质量落实，确保全省重大动物疫情形势稳定。为贯彻落实动物防疫工作政府负总责的要求，湖南省进一步完善了动物防疫工作责任制，按照农业农村部绩效考核方案要求，由省政府与各市州政府签订动物疫病防控责任状。及时调整省重大动物疫病防控绩效考核领导小组成员和省对市州的绩效考核方案，制订《考核方案》和《考核指标体系》，细化措施，明确要求，抓好落实。

二是合理设置考核指标。科学合理的考核指标是开展绩效管理的基础和核心，但也是个难题。每年湖南省通过目标管理责任状对疫情控制目标、主要措施、市县经费投入、体系建设、考核表彰等重大事项进行了明确，特别在疫情控制、经费投入、基层体系、关键措施到位率设置了“底线”指标，这些“底线”指标强有力推动了各地工作开展。确定相应的评分标准，努力实现绩效指标具体化、可量化。在制定指标时，突出了每年工作重点，大幅提高重点工作和重点指标的权重；设置了关键项一票否决制度，如突发事件应对不力造成重大负面影响等情形，实行评选一票否决；还设置了加分项，对出色完成重点工作和难点工作的创新举措、业绩突出、效果显著等情形的，经审核确认后予以加分。这样，在考核指标上保证了绩效管理的“科学、合理”。

三是过程监管及时有效。为督促各地切实落实绩效任务，不断创新督查方式，强化过程管理，提高工作的执行力。每年湖南省通过开展春、秋两季防控工作督查、调研，下发通报，总结推广好的经验，指出问题，并将情况纳入年度绩效考核内容；不定期派出若干暗访组，发现问题及时取证，紧急情况立即督促整改；如发现重大问题或全局性问题，及时向当地下达交办函，专人跟踪、限期整改。

四是考核结果运用得当。每年年底湖南省重大动物疫病防控指挥部均评选出防控工作先进市州和县（市、区），坚持激励引导，落实奖惩制度。近年来，省财政对考核先进的市州和县（市、区）的动物防疫经费适当倾斜，对防控工作相对落后的市（县）实行重点督办。考核结束后，通报市（州）最终的考核成绩，全面反馈每项指标的得分和扣分情况，提出整改要求，并把共性问题作为下年工作重点进行研究解决。

二、取得成效

经过多年努力，湖南省重大动物疫病防控绩效管理工作取得了明显成效，全省防控工作实现了新的跨越。

一是营造良好工作氛围。通过开展绩效管理工作，重大动物疫病防控工作纳入了各级政府农业农村工作的重要议事日程，各级都建立了政府统一领导、相关职能部门各司其职的组织指挥体系和协作机制，全省上下构建了完善的行政、业务“双轨”的防控工作责任体系和绩效管理体系，开创了防控工作新局面。

二是防控经费得到保障。近年来，尽管各级财力相当紧张，但是对动物防疫工作的投入逐年增加。省级动物疫病防控财政预算从 2003 年的 1 280 万元增至 2019 年的 3.2 亿元，并将各级政府动物防疫经费保障纳入绩效管理指标，有力保障了防控工作的有序开展。

三是动物疫情形势稳定。通过推进绩效管理工作，全省动物防疫工作更加规范，落实更加到位，有效预防和控制了重大动物疫情的发生。近年来湖南省动物疫情形势总体稳定，实现了农业农村部提出的“努力确保不发生区域性重大动物疫情和重大畜产品质量安全事件”的防控目标。

湖南省岳阳市汨罗市病死畜禽无害化处理场一角

三、工作展望

通过几年实践探索，湖南省重大动物疫病防控工作绩效管理虽然取得了一定成效，但还存在一些问题和不足。今后，湖南省将认真贯彻落实农业农村部重大动物疫病防控延伸绩效管理的安排部署，借鉴外省绩效管理的有益做法，加强对考核指标设置、考核评价、结果运用的理论和实践研究，在业绩导向、过程管理、社会评议等方面下功夫，推动绩效管理和防控工作的协同发展，进一步提升防控能力，保障全省养殖业生产安全、动物产品质量安全和公共卫生安全。

（湖南省农业农村厅供稿）

突出三个导向　实现三个提升
黑龙江省全面提高动物疫病综合防控能力

近年来，黑龙江省认真贯彻农业农村部部署要求，以落实重大动物疫病防控延伸绩效管理为引领，突出目标导向、问题导向、结果导向，着力补短板、强基础、提质量，落实落细各项防控措施，全面提高动物疫病综合防控能力。5次被评为全国重大动物疫病防控延伸绩效管理优秀单位。

一、突出目标导向，提升防控工作的科学性

突出重大动物疫病防控延伸绩效管理的目标导向作用，树立一盘棋理念，主动对标对表国家有关政策措施和任务目标，把落实延伸绩效管理与抓好顶层设计结合起来。在政策制订过程中，充分研究借鉴重大动物疫病延伸绩效管理指标体系，确保各项政策措施与绩效管理目标相衔接，增强黑龙江省顶层设计与国家要求的匹配度和契合度，力求防控工作目标更合理、任务更明确、措施更精准、保障更有力，提高了顶层设计的科学性和前瞻性。在工作推进过程中，紧扣绩效管理目标，理顺工作思路，改进工作方法，优化工作措施，积极探索实践，全面落实目标管理责任制，将重大动物疫病防控纳入政府考核和表彰范围，抓实抓细关键防控措施，实施了先打后补和兽医社会化服务试点、区域督导责任制、边境包保责任制等一系列新举措，激发了黑龙江省兽医工作的动力和活力。

二、突出问题导向，提升防控工作的针对性

随着动物疫病防控形势的发展变化，各种新情况、新问题层出不穷，迫切需要强化问题意识，及时发现解决各种问题。农业农村部实施重大动物疫病防控延伸绩效管理，既为黑龙江省发现问题提供了方向，也为解决问题提供了动力。因此，每年都对照延伸绩效管理考核指标体系，认真查找问题，深入分析问题，推动解决问题。近年来，黑龙江省针对对照查找出的地方立法、防疫体系建设、实验室考核、社会化服务、无疫区建设、产地检疫等方面的问题和差距，先后修订了《黑龙江省动物防疫条例》，争取7 000多万元资金完善防疫体系，加快了县级实验室考核推进步伐，开展了兽医社会化服务和先打后补试点，出台了无疫区建设实施方案，提高了生猪产地检疫率。实践表明，正是坚持以落实延伸绩效管理为抓手，突出问题导向，才会有效解决工作中的难点堵点，加快补齐工作短板，不断提高动物疫病防控能力和水平。

2019 年 8 月黑龙江省动物防疫专家在巴彦县指导疫控中心实验室建设

三、突出结果导向，提升防控工作的实效性

坚持把动物疫病防控工作成效作为落实重大动物疫病延伸绩效管理重要衡量标准，围绕重大动物疫病防控延伸绩效管理指标体系，每年至少开展两次重大动物疫病防控专项督导，注重督查考核免疫密度、免疫效果、监测结果、产地检疫率、疫情举报核查等硬性量化指标以及重点工作完成情况。建立通报约谈机制，加强考核结果应用，对工作成效显著的市县进行表彰，对工作措施不到位的市县进行通报，对工作不力的市县约谈相关领导，有力推动了重大动物疫病防控工作落实。

经过多年的工作实践，黑龙江省深刻体会到，重大动物疫病防控延伸绩效管理是集目标导向、问题导向和结果导向为一体的科学管理体系，对做好防控工作具有重要的引领、指导和推动作用。黑龙江省将坚持落实延伸绩效管理要求，一如既往抓好各项工作，不断提高全省动物疫病防控工作水平。

（黑龙江省农业农村厅供稿）

三应当　三防止　山东省客观科学做好延伸绩效管理工作

重大动物疫病延伸绩效管理以重大动物疫病有效控制为目标导向，通过对目标的分解和效果的验证，将各省工作要求、措施落实与目标任务统一起来，协同推进，深化落实，确保取得实效。总结重大动物疫病延伸绩效管理评估，深感要做到“三应当”“三防止”。

重大动物疫病延伸绩效管理作为年度考核的重要抓手，是一个有计划、有监督、有评价的闭环管理体系，在自我评价中要做到“三应当”：一是应当突出目标，目标明确、任务清晰是延伸绩效管理的中心，务必扭住这个牛鼻子，对任务和能力要求进行准确的分析与解剖，精准分解任务目标，切实明确落实措施，准确完成各项工作，写好这篇文章。二是应当抓住重点，重点突出、狠抓关键是延伸绩效管理的关键，务必要在完成各项措施的前提下，在重点工作、关键措施上实现突破和创新，以点带面、点面结合，带动整体延伸绩效管理工作迈上更高水平，写活这篇文章。三是应当着眼长远，立足当前、着眼长远是延伸绩效管理的核心，务必要统筹当前与长远，制定年度目标和长远任务，围绕这一核心分年度、分阶段、分步骤地安排部署年度措施，实现两手抓、两促进，写长这篇文章。

2020 年 6 月动物防疫专家在山东省聊城市指导开展无疫区省级示范县建设

当然也要统筹兼顾，做到“三防止”：一是防止为考核而考核，延伸绩效考核最重要的目的就是为了督促工作开展落实，并取得实效，单纯为了考核而考核就失去了延伸绩效管理本身的意义与作用。二是防止顾此失彼，延伸绩效管理涵盖了本年度兽医重点工作，但尚未实现全覆盖、全环节、全流程，要坚决杜绝仅推动考核事项，不注重整体工作的全面推进。三是防止盲目追求分数，要努力克服“重绩效轻效果、重定量轻定性”的不良倾向，摒弃盲目追求绩效分数的机械化自评估，以抽象的数据来评价鲜活的工作实践。

（山东省畜牧兽医局供稿）

陕西省坚持目标—过程—结果“三位一体”闭环管理 强化重大动物疫病防控延伸绩效管理工作

2019 年，在开展重大动物疫病防控延伸绩效考核管理工作过程中，陕西省始终围绕加强重大动物疫病防控为核心，坚持目标导向，强化过程管理，重视结果报送，形成了目标—过程—结果“三位一体”闭环管理工作模式，圆满完成了农业农村部对陕西省的延伸绩效考核工作，进一步提升了全省动物防疫工作能力和水平，初步实现了“防风险、保安全、促发展”的工作目标，切实保障了陕西省养殖业生产安全、动物产品质量安全、公共卫生安全和生态安全。

一、坚持目标导向，抓好任务分解落实

陕西坚持目标导向，聚焦考核总目标，对标对表，根据考核指标逐项分解确定年度各项工作任务，按照时间倒排、任务倒逼的要求，将任务细化分解到局机关及相关省级事业单位，明确每项工作的牵头负责人和时限节点，强化目标执行的刚性，以年度任务的完成来支撑和保证考核目标的实现。同时，将重大动物疫病防控延伸绩效考核与全省动物防疫工作有机结合起来，突出工作衔接，做到既承接好农业农村部绩效考核部署的任务，又落实好省政府政府工作报告分解的任务，还要统筹好常规工作之外的临时性任务，把任务下摆到位、责任落实到位、把时限安排到位。

二、强化过程管理，推动各项指标完成

由陕西省农业农村厅畜牧兽医局主要负责同志牵头，协调整合机关、省级事业单位，统筹市县畜牧兽医部门等各方力量，细化分类，突出重点，强化绩效过程管理，动态推进各项指标任务的完成。考核分解任务下达后，由各指标负责人建立平时考核管理台账，负责日常跟进指标完成进度情况。承接指标任务的省级事业单位也固定专人，及时建立目标任务信息清单，对本单位年度目标任务完成情况进行定期自查和回头看，查缺补漏。每季度，组织各项任务负责人对工作指标完成情况进行自查，并对部分目标任务完成情况进行抽查，对进度较慢的指标，协调分析原因，督促落实推进方案，确保不漏下一项指标，推动目标任务全面完成。

三、重视结果报送，确保工作效果呈现

既要全面完成工作任务，还要重视结果报送，确保各项工作成效能得到有效呈现。为此，在每年的 1 月份就开始汇总、整理各项工作完成情况的印证材料，由各指标任务负责人提交工作自评、印证材料目录及材料扫描件等三部分内容，局机关专人进行逐项汇总，

督查组检查陕西省病死猪无害化处理设施建设情况

对标农业农村部的考核指标体系，再次进行确认和销号。同时，在上传农业农村部考核系统之前，先对标指标体系做一个考核印证资料目录，逐条建档，从而避免了后期在考核系统中上传过程中出现遗漏等现象，确保呈现全部工作效果。

（陕西省农业农村厅畜牧兽医局供稿）

辽宁省以延伸绩效管理为抓手　全面提升重大动物疫病防控水平

近年来，辽宁省按照农业农村部部署要求，以重大动物疫病防控延伸绩效管理为抓手，坚持目标导向，强化过程管理，完善制度机制，促进全省重大动物疫病防控水平全面提升，推动养殖业持续健康发展，保障了人民群众身体健康。

一、主要做法和体会

（一）切实做好顶层设计。辽宁省成立了高规格的重大动物疫病防控延伸绩效考核管理领导小组，由省农业农村厅主要负责同志任组长，分管同志任副组长，厅机关动物防疫处、兽药饲料处、畜牧产业处和省农业发展服务中心及下属单位相关负责同志任成员，高位推动延伸绩效管理工作。领导小组办公室设在农业厅动物防疫处，各单位明确专人具体负责绩效考核相关工作，健全了机构、明确了职责、落实了责任。

（二）充分发挥绩效管理“指挥棒”作用。以农业农村部重大动物疫病防控延伸绩效管理目标为导向，逐项分解细化，并将“加强非洲猪瘟等疫情防控”列入省政府对市政府的绩效考核范畴，督促各地逐步建立起政府统一领导、相关职能部门各司其职的组织指挥体系和协作机制，全省形成了农业部门上下联动、条块结合、整体推进的绩效管理工作格局。

（三）不断强化过程管理。一是早部署。第一时间将延伸绩效各项指标逐项分解到相关单位，明确到岗、具体到人，建立逐项对照自查、进度检查和复核制度，把考核工作融会于日常工作之中。二是强督查。采取点调抽查、全面检查相结合，定期、不定期督查相结合等方式，强化实地督导检查，推动各地将重大动物疫病防控措施和绩效管理重点任务落实、落细、落到位。三是重指导。切实做好绩效管理工作的日常指导，并指导各地科学开展春秋季集中防疫、监测和流调、专项防控等重点工作，及时反馈评估和督查结果，推动各地补齐工作短板。

（四）探索创新工作机制。以信息化建设为引领，转变工作思路、创新工作方法，先后投入2.5亿元建立了覆盖省、市、县、乡三层四级，集场所备案、管理记录、养殖档案、检疫申报、票证发放、跨省查验与电子出证关联6大系统为一体的辽宁省动物卫生全程监管信息追溯平台系统，实现了动物检疫监管工作网络化全覆盖，全方位立体智能化管理，实现动物卫生管理全程可追溯。

二、取得成效

（一）促进动物防疫基础设施建设不断完善。通过推进绩效管理工作，各地把重大动物疫病防控经费纳入各级财政预算，统一管理，并逐年增加。财政资金保障有力，部门支

辽宁省动物卫生监督远程培训中心

持力度增强，推动了动物防疫基础设施建设不断完善。目前，辽宁省已建立完善的应急物资储备库，建成全国首个省级P3兽医实验室，14个市级疫控中心实验室全部具备病原学检测能力，58个县级疫控中心实验室具备血清学检测能力。

（二）促进动物疫病防控能力进一步提升。通过推进绩效管理工作，进一步夯实了政府属地责任、部门监管责任和生产经营者主体责任，多年来一直确保全省重大动物疫病群体免疫密度100%，动物免疫抗体合格率达70%以上，各地疫情监测、流行病学调查、检疫监督等各项工作更加规范，防控措施更加到位，防控能力进一步提升。自2018年10月17日以来，全省未发生新的非洲猪瘟疫情，重大动物疫情防控形势保持稳定。

（三）促进了畜牧业平稳健康发展。辽宁是畜牧业大省，动物疫情防控形势的稳定为全省畜牧业恢复生产提供了有力保障。目前，辽宁省生猪生产呈现良好的恢复势头，国家下达辽宁省生猪生产恢复的目标是生猪存栏恢复到2017年的89%的目标，2020年二季度末全省生猪存栏1 090.8万头，同比增长15.8%，比全国平均水平（−2.2%）高出18个百分点。

三、下一步打算

下一步，辽宁省将继续贯彻落实好农业农村部重大动物疫病防控延伸绩效管理的安排部署，进一步总结经验，借鉴学习省外绩效管理好的做法，突出目标导向、问题导向、结果导向，推动绩效管理和防控工作协同发展，进一步提升重大动物疫病防控能力和水平，努力保障全省养殖业生产安全和公共卫生安全。

（辽宁省农业农村厅供稿）

山西省充分认识延伸绩效管理工作重要性 高质量推动重大动物疫病防控工作

重大动物疫病防控绩效管理作为典型经验做法进行了通报推广，全国兽医系统无不深受鼓舞、倍感振奋，这是对兽医工作的肯定。特别是非洲猪瘟传入我国以来，全国兽医齐心协力、任劳任怨，积极补齐兽医工作中的短板弱项，推动兽医工作迈上新台阶。下面谈几点体会：

一、持续开展重大动物疫病防控绩效管理工作的重要性和必要性

近年来，非洲猪瘟、小反刍兽疫、牛结节性皮肤病等动物疫病陆续传入，高致病性禽流感、口蹄疫等病毒变异加快，加之新冠肺炎疫情影响，动物疫病防控工作任重道远。习近平总书记强调，越是面对风险挑战，越要稳住农业，越要确保粮食和重要副食品安全。在加快政府职能转变、推进政府绩效管理的决策部署下，在防控形势日趋复杂的挑战下，应用好重大动物疫病防控延伸绩效管理工作这根“指挥棒”，紧紧围绕“优供给、强安全、保生态”工作目标，深入、高效推进重大动物疫病防控工作，切实维护养殖业生产安全、动物源性食品安全、公共卫生安全和生态安全。

山西省大同市动物防疫人员在开展强制免疫工作

二、工作亮点

绩效评估规范、公正。十年来，严格秉持“公平、公开、公正”的原则，科学规范开

展考核。公平之下百花齐放，各省在完成规定动作基础上，个个自选动作，“赶学比超”的氛围浓厚，互帮互促共发展、谋未来。

关键指标合理、准确。考核指标根据日趋复杂严峻的防控形势及时调整，进一步发挥了指挥棒作用，更好地完成防控目标任务。

评价体系定量与定性相结合。指标量化到位，分值分配合理得当；非量化指标标准明确，确保真实反映工作完成情况，督促各地积极查缺补漏，补齐工作缺项。

结果运用发挥实效。考核工作首先反映的是工作态度问题，只有积极的态度才能克服工作中的困难，逐条逐项推进考核工作。典型案例的印发宣传，更让各地相互学习优点，不断提高。

三、工作计划及建议

下一步，山西省将严格按照农业农村部的安排部署，提早谋划、定期督导，将逐项逐条任务责任落实到人，时间节点明确到位，确保真实及时完成指标任务。为进一步完成绩效管理工作，建议：一是进一步优化考核标准。部分指标还是侧重于考核文件是否下发、是否召开会议等书面材料，建议通过更能反映相关工作的多方面内容进行考核，进一步优化考核标准。二是进一步强化结果应用。广泛宣传绩效考核工作，重点奖励、宣传优秀单位，营造良好氛围，进一步促进该项工作，更好地做好重大动物疫病防控工作。

（山西省动物疫病预防控制中心供稿）

充分发挥“指挥棒”作用 宁夏回族自治区做好重大动物疫病防控延伸绩效管理工作

近年来，宁夏回族自治区重大动物疫病防控工作在农业农村部的大力支持下，在自治区党委、政府的正确领导下，各级兽医主管部门及有关部门密切协作、相互配合，认真贯彻落实党中央、国务院及农业农村部有关会议和文件精神，突出免疫、监测工作重点，积极采取有效综合防控措施，较好地完成了各项防控工作目标任务，有效地控制了重大动物疫病的发生和传播。

一、用好指挥棒，提高执行力

宁夏回族自治区为高度重视重大动物疫病防控延伸绩效管理工作，成立专门工作机构，把重大动物疫病防控延伸绩效管理与自治区兽医重点工作相结合，与动物防疫年度考核相结合，制订实施方案，将专项工作绩效管理延伸到市县，形成一级抓一级、层层抓落实的部省市县四级联动格局，有力确保了组织到位、管理到位、落实到位，较好完成了专项工作延伸绩效管理各项指标，一些指标甚至超预期完成，为实现重大动物疫病防控目标作出了重要贡献。

2019 年 9 月宁夏回族自治区动物疫病预防控制中心技术人员指导兽医社会化服务工作

二、细化考核表，增强协同性

宁夏回族自治区把全面提升动物防疫体系建设作为绩效管理核心任务，根据农业农村部重大动物疫病防控工作延伸绩效管理实施方案内容，结合动物防疫工作实际，细化内容，形成了以县级重大动物疫病防控绩效管理为主的考核体系，各市、县（区）按年度开展自查。自治区动物疾病预防控制中心、动物卫生监督所、兽药饲料监察所、屠宰中心站根据专项内容对市、县级工作开展情况进行评分，评分过程中指出各地工作优缺点，并对综合评分结果进行了通报，督促各地履行职责，全面提升动物防疫延伸绩效管理工作的协同性。充分运用评分结果，在安排防疫经费时，引导各地加强落实各项动物防疫措施，加强经费投入和基础设施建设。近年来，宁夏回族自治区累计改扩建兽医实验室 7 300 余米^2，购置仪器设备 2 492 台（套）；建成了 8 个动物防疫指定通道，配备监督执法车 40 辆，配备检疫设施设备 1 127 台（套）；改扩建乡镇畜牧兽医站 27 120 余米^2，有效地支撑了动物疫病防控、动物卫生监督和基层防疫工作。

三、构建新机制，调动积极性

宁夏回族自治区始终坚持把稳定各级防疫机构队伍作为保障防疫工作的第一要务，在当前机构改革和编制资源趋紧的情况下，坚决保证动物防疫网络不断、队伍不散。全区96％的乡镇设有畜牧兽医服务站，形成了纵向贯通横向协调的动物疫病防控工作网络。同时，把政府购买兽医社会化服务作为机制创新的着力点，列入自治区政府乡村振兴战略考核中，调动了各市、县（区）的积极性，全面推进了兽医服务改革创新。截至2019年底，全区共有兽医行政管理和专业技术人员 1 586 人，专业技术人员占比达到85％以上，中级以上技术职称占到 60％；全区以公司或合作社形式注册成立兽医社会化服务组织 136 个，乡镇覆盖面达到 100％。

（宁夏农业农村厅畜牧兽医局供稿）

第二节

持续种好"责任田"——严防重大动物疫病

- 广东省
- 天津市
- 安徽省
- 新疆生产建设兵团
- 上海市
- 河南省
- 内蒙古自治区
- 西藏自治区
- 新疆维吾尔自治区

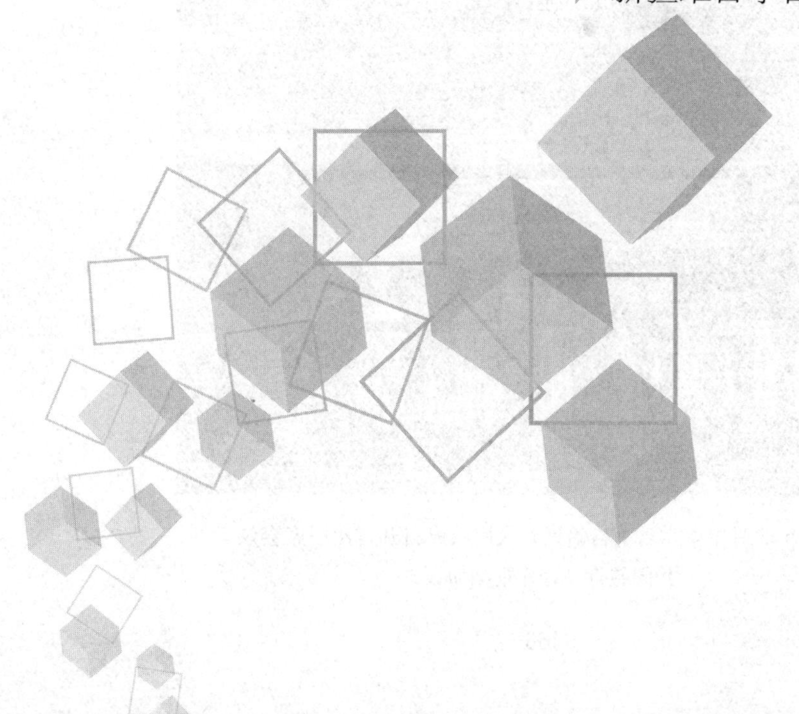

广东省多措并举　扎实推进中南区分区防控试点

一、政策创设和农业农村部大力支持是分区防控的基础

分区防控是全新的防控模式，在国内没有可供参考的经验，广东省作为试点牵头省份，边推进、边探索。农业农村部领导亲自调研指导，并派出中南区工作组驻扎广东省开展现场指导；农业农村部专门批复同意“调猪”变“运肉”试点措施，杨振海局长还就中南区“调猪”变“运肉”政策是否推动了猪价上涨这一社会关注问题专门答记者问，明确回应“分区防控服务于动物疫病防控，旨在保护生猪生产，不会成为猪肉价格上涨的额外因素”，在分区试点关键时刻，给予了有力支持。

二、各省（自治区）统一行动是分区防控的保障

分区防控是一种创新的模式，区域内各省（自治区）没有硬性的行政约束力，需要各省（自治区）高度协同一致才能推动好分区防控工作。一年多来，各省（自治区）讲政治、讲大局，无论是签订框架协议、制订方案，还是推进具体工作，都紧密配合，协同一致，不仅实现了“调猪”变“运肉”这一创举试点，还采取了一系列整体化、一致性行动，初步形成了中南区一致的防控局面。

2019 年 3 月中南六省（自治区）人民政府召开首次联席会议
共同签订《合作框架协议》

三、坚定不移推动“调猪”变“运肉”这一硬措施是分区防控的有力抓手

在准备实行“调猪”变“运肉”之前，正是非洲猪瘟防控和稳产保供的严峻时刻，广东省坚定不移地推动实施这一措施，并综合考虑稳产保供实际，作了相应的优化措施：第一，对种猪、仔猪不得采取限制性调运措施，经检验合格的种猪、仔猪可随时调入中南区。第二，对于猪肉及猪肉产品，只要检疫合格和备案，都可以调入中南区。第三，在2020年11月30日前，符合中南区跨大区“点对点”调运备案条件的生猪仍可调入中南区。政策实施以来，生猪长距离调运少了，非洲猪瘟疫情少了，猪肉价格没有发生趋势性改变，稳产保供持续向好。从产业转型升级来看，小散养殖正在向规模化标准化养殖转型，屠宰产能正在向产区转移、屠宰企业正在向产加销一体化企业转型升级。这说明“调猪”变“运肉”试点措施是可行的，达到甚至超越了预期目标，应坚定不移的持续推进。

四、长短结合稳步推进是实现分区防控目标的重要路径

分区防控需要从逐步改变区域内产业发展和防疫现状出发，稳步推动长期目标的实现。将广东省提出的“从小散养殖向规模化养殖转型、从传统养殖向科学养殖转型、从调活猪向运猪肉转型、从小型屠宰厂（场）向现代化屠宰厂（场）转型”四个转型升级写入《方案》，转化为大区内的一致化行动推动长期目标实现。

五、实时共享防检疫信息是提升防控效率的必要手段

2019年，广东省和广西壮族自治区之间就调猪进行了“点对点”全程信息化监管探索，目前中南区正在推进该项工作。当前因为信息不能实时共享，点对点备案、检疫证明真伪、检疫数据统计、耳标二维码追溯等费时费力，与当前人少事多的工作实际不匹配。农业农村部可考虑统一规划，建立防疫检疫一张网，实现全国信息实时共享。

六、开展分区防控理论研究是分区防控的基础支撑

我国分区防控处于探索阶段，只有不断对非洲猪瘟等重大动物疫病分区防控体系、畜牧业协调发展、区域风险评估管理等进行探索研究，才能为分区防控提供强有力的理论支撑。

（广东省农业农村厅供稿）

凝心聚力　示范引领　天津市着力提升生物安全防控水平

天津市农业农村委集中业务骨干组建10个服务团队，深入生猪养殖场户，加强技术宣传服务，推进生猪养殖场户“大场示范引领，中小场规范提升”，帮助养殖场户提升了生物安全防控能力和水平，有效防控了非洲猪瘟等重大动物疫病。

一、科学决策强化顶层设计，是行动开展的根本保证

在非洲猪瘟防控关键时期，天津市农业农村委立足生物安全防控，实施“大场示范引领、中小场规范提升”行动，并专门成立领导小组、专家组和专项工作组。按照市农业农村委总体部署，天津市动物疫病预防控制中心遴选业务骨干，组建10个服务团队，明确目标任务，责任落实到人，按步有序开展推进工作，专项行动期间累计开展指导服务78次、出动专家250人次。结合天津实际，制订专项行动方案，推动生猪养殖场户优化场区防疫布局，升级防疫设施设备，健全防疫制度，压实防疫主体责任，构建更加严密可靠的生物安全体系，为行动提供了技术指引和提升方向。

二、严谨规范建立标准体系，是行动开展的理论基础

根据国家和天津市非洲猪瘟防控部署、《感染非洲猪瘟养殖场恢复生产技术指南》和天津实际，专门编制《天津市猪场生物安全防控技术指南》，构建了非洲猪瘟防控技术集成平台，分别制定养殖、屠宰、运输等关键环节消毒技术规范，累计开展专项培训宣传300余次，涉及管理相对人2 000余人次。上述规范的制定，完善了行动的技术标准体系，为实施“大场示范引领、中小场规范提升”提供了技术理论指导。

三、群策群力做好基层动员，是行动开展的有力保障

各涉农区农业农村部门高度重视提升行动，由主要领导挂帅，主管领导组织，围绕市级部署，制订辖区行动方案，集中骨干组建区级专家组和行动小组，与市级专家组和行动组协同作战。通过宣传培训、进场服务、个别指导等多种形式，帮助养殖场户开展生物安全风险评估，提供一场一策生物安全体系改进提升方案，在全市打造高水平的生物安全示范场，发挥示范引领作用，对中小规模养猪场，由各区组织防疫技术人员开展联系服务，帮助指导企业健全规范生物安全条件，为行动的顺利开展提供了有力保障。

四、积极主动提升企业意识，是行动开展的先决条件

提升行动主体是养殖场户。在广泛宣传动员下，大多数养殖企业都体现出较高的觉悟

2020 年 5 月天津动物防疫专家在宝坻区与基层兽医人员座谈

性，积极配合开展生物安全强化提升行动。特别是担任示范引领任务的大型规模养殖场，利用自身较高的技术优势和较强的生物安全设施条件，主动配合行动队组织开展观摩培训和示范引领活动。各中小养殖企业也积极行动，认真建立健全防疫制度，主动压实主体责任，尽力做到封闭饲养，规范实施卫生消毒，严格人员、车辆、物品流动管控，杜绝饲喂餐厨剩余物，不饲喂餐厨剩余物承诺书签订率达到 100%，为全市做好非洲猪瘟防控工作做出了重要贡献。

（天津市动物疫病预防控制中心供稿）

安徽省以加强推进生猪屠宰监管为抓手　提升非洲猪瘟防控效能

生猪屠宰是连接生猪产销的关键环节，上承生猪养殖场、下接猪肉加工企业和餐饮服务场所，是整条产业链上的“水龙头”。2019年，农业农村部多次发文，专门实施生猪屠宰环节非洲猪瘟自检制度和官方兽医派驻制度，就是要管好这只“水龙头”。安徽省坚持非洲猪瘟防控和屠宰监管两手抓，精心组织，出实招、求实效，扎实推进“两项制度”建设、屠宰行业转型升级、标准化示范创建和专项整治，取得了阶段性成效，全省生猪定点屠宰企业从原来的427家压减到目前的137家，全部开展非洲猪瘟自检并派驻官方兽医实施检疫。主要体会如下：

一、领导重视是前提

安徽省高位推进“两项制度”落实，省长、常务副省长和分管副省长先后多次作出批示，要求加大“两项制度”落实力度，确保100%完成任务。省农业农村厅发文部署推进“两项制度”百日行动，印发专项行动工作方案，成立领导小组，实行工作进展周调度。2019年5月17日召开全省落实屠宰环节“两项制度”百日行动推进会，要求“两项制度”进展慢的市作表态性发言。6月26日，向进度落后的4个市市政府发函，要求在7月1日前必须100%完成任务。全省生猪定点屠宰企业“两项制度”按时间节点要求，全部提前落实到位。

二、经费投入是保障

安徽省小型屠宰场点数量多，经过第一轮自查清理保留的246家生猪屠宰定点屠宰厂（场）中，年屠宰5万头以下的有174家，占75%，多数在乡镇，分布散、规模小、效益差、历史遗留问题多、非洲猪瘟自检率低、基层官方兽医人手少、工作开展难。为此，安徽省动用省长预备费1 000万元，补助全部137家生猪屠宰企业开展非洲猪瘟检测费用和其中92家小型生猪屠宰企业购置仪器补贴，有力推动了生猪定点屠宰企业特别是小型屠宰场点“两项制度”的落实。

三、部门配合是基础

生猪屠宰监管涉及动物防疫、肉品质量安全、安全生产、生态环境等方面，需要相关部门各司其职，加强协调配合，形成监管合力，共同推动屠宰行业健康有序发展，有力打击屠宰违法违规行为。为此，省农业农村厅联合省公安厅、省市场监管局，对“两项制度”建设开展督查调研，进一步推动工作落实。市县农业农村部门联合市场监管、生态环境等部门，围绕生猪屠宰企业“三证”（生猪定点屠宰证、动物防疫条件合格证、排污许可证）资质信息和“两项制度”开展核查，对落实不到位的屠宰企业限期整改，整改不到位的按程序提请市政府取消生猪定点屠宰资格。

四、构建机制是关键

强化屠宰企业常态长效监管，要督促屠宰企业落实主体责任，按照“质量管理制度化、厂区环境整洁化、设施设备标准化、生产经营规范化、检测检验科学化、排放处理无害化”的“六化”要求，推进生猪屠宰标准化示范创建工作，进一步优化布局、审核清理、兼并重组，建立健全监管长效机制，推动生猪屠宰行业提质增效、转型升级，推行养殖业“规模养殖、集中屠宰、冷链运输、冰鲜上市”和“养宰运销”产业化发展、一体化经营，切实保障人民群众“舌尖上的安全”。

2019年12月安徽省农业农村厅在六安市霍山县举办
生猪屠宰标准化建设及监管培训班

（安徽省农业农村厅供稿）

新疆生产建设兵团齐心协力　打赢非洲猪瘟攻坚战

2019年，新疆生产建设兵团非洲猪瘟防控工作取得了阶段性成效，生猪生产逐步恢复。但从全国层面来看，由于非洲猪瘟病毒及其传播方式的独特性，引发疫情的风险因素将长期存在，生猪生产疫情防控也将是一项长期工作。

2019年4月12日，第3师41团6连一养殖户饲养生猪发生异常死亡，经中国动物卫生与流行病学中心检测为非洲猪瘟病毒核酸阳性，这为兵团再一次敲响了警钟，疫情就在我们身边，稍有不慎就可能再次发生。因此，我们所面临的防控形势更加严峻，风险更加突出，任务也更加繁重。通过流行病学调查，发现此次疫情主要是由于车辆未严格执行清洗消毒措施导致病毒扩散。因此，我们重点加强了生猪及其产品调运监管，严格落实清洗消毒、车辆人员的进出管理，落实承运车辆备案登记制度。同时，我们也深刻意识到，非洲猪瘟防控工作不仅仅是农业部门的职责，还需要交通运输、公安等部门的密切配合，充分发挥公路检查站、临时消毒检查站作用，加强对调运生猪及其产品车辆的查证验物力度，督促做好车辆清洗消毒。为减少疫情发生风险，养猪场、生猪养殖量大的团场建立生猪承运车辆洗消中心刻不容缓，可以采取社会化有偿服务方式，按照生猪承运车辆洗消技术规范要求，对所有承运车辆进行清洗消毒，建立健全凭消毒证明拉运生猪及其产品的制度。

2019年11月新疆生产建设兵团在石河子市举办市非洲猪瘟防控培训班

一年多的防控工作充分证明基层的防疫力量在防控工作中发挥了巨大作用。足够的防疫人员、防疫物资及完善的防疫设施，对于疫病的防控都至关重要。如2020年发生新冠肺炎疫情期间，动物防疫物资（如防护服、口罩、消毒用品等）在疫情防控工作中发挥了巨大作用。

兵团农牧团场综合配套改革后，整合畜牧兽医、农技、农机、林管等机构和职责，设立农业发展服务中心，基层动物防疫机构队伍人员变化较大，从事畜牧兽医的只有1～2人，同时还要兼顾其他工作。随着团场畜牧兽医站工作站、动物卫生监督所的撤销，人员相应减少，行政执法主体不明确，专业人员流失、转岗，基层执法队伍建设亟待加强。同时，对于基层防疫设施的投资建设，也是兵团当前做好动物疫病防控工作的重要任务，团场洗消中心、公路动物卫生监督检查站及团场物资储备点等都急需建设和完善。

非洲猪瘟防控工作是一场硬仗，也是对干部精神状态、工作作风和抓落实能力的一次检验。在下一阶段的工作中，兵团将顺应改革，按照国务院和农业农村部有关安排部署，严格落实各项防控措施，切实抓好非洲猪瘟等各项重大动物疫病防控工作，发扬连续作战的优良作风，齐心协力打好打赢这场持久战。同时，也希望农业农村部给予兵团更多的支持和指导，在切实履行好维稳戍边重任的同时，兵团将加快职能转变，为实现全国脱贫攻坚总目标和乡村振兴战略作出积极贡献。

（新疆生产建设兵团农业农村局供稿）

上海市崇明区“两病”区域净化示范区建设中的“天时、地利、人和”

古人云：天时、地利、人和，三者不得，虽胜有殃。这三个要素几乎涵盖了成功之路的一切要素，天时是成功之路的伯乐和机遇，地利是成功之路的环境和条件，人和是成功之路的实力和关键。天时、地利、人和三要素的极端重要性，在上海市崇明区奶牛结核病、布鲁氏菌病（简称“两病”）区域净化示范区建设项目中得到集中体现。

一、天时——上海市崇明区“两病”区域净化是时代发展的要求

上海市崇明区试点开展奶牛“两病”区域净化顺应了时代发展的要求，这是建设成功的“天时”。疫病的防控都要经过控制、净化和消灭三个阶段。动物疫病净化是实现消灭目标的必由之路，是符合现阶段疫病防控规律、适应当前畜牧发展方式转变的一项系统工程。中央供给侧改革要求提高农业供给体系的质量和效率，国家和上海市中长期动物疫病防治规划明确要求，上海市奶牛“两病”要在2015年达到净化标准，2020年维持净化标准。开展奶牛“两病”净化应运而生，是时代发展的必然要求，是上海市畜牧业减量提质、转型升级发展的重要手段。随着规模场动物疫病净化工作的持续推进，以场为单位的疫病净化线路已基本成熟，如何将净化由点连线到面、由面扩大成片，是一个新的课题。上海市进一步开拓思路，大胆创新，先行先试，积极探索开展奶牛“两病”区域净化示范工作，集成推广区域净化模式，示范引领全国奶牛“两病”净化工作。同年，上海市崇明区奶牛“两病”区域净化模式正式被确定为全国两个区域净化模式试点之一，并列入中国动物疫病预防控制中心重点工作。2017年，中国动物疫病预防控制中心和上海市农业委

2019年10月中国动物疫病预防控制中心对上海市崇明区奶牛“两病”区域净化示范区进行评估验收

员会正式签订上海市崇明区奶牛“两病”区域净化示范区建设项目合作框架协议。上海市崇明区奶牛“两病”区域净化示范区建设项目由此拉开大幕。

二、地利——上海市崇明区具备“两病”区域净化的良好基础

上海市崇明区具备“两病”区域净化试点的良好基础条件，这是建设成功的“地利”。奶牛“两病”是重要的人畜共患病，作为我国现代奶业萌芽和发展的源头之一，上海市自1834年开埠以来一直高度重视奶牛“两病”防控工作。30多年来，上海坚持每年2次全群监测、坚决淘汰阳性牛只的“两病”防控策略，奶牛结核病已连续8年，布鲁氏菌病连续11年达到稳定控制标准；共有5个奶牛场通过国家奶牛“两病”净化评估（其中崇明区2个），占全国的18%，且示范场、创建场齐全，净化成绩受到国家高度肯定。鉴于上海市已积累丰富的“两病”单场净化经验，且奶牛已全部实现规模化养殖，拥有完整的兽医技术体系、充足的经费保障、专职的“两病”检疫监测队伍和有效的奶价倒逼机制等扎实的基础，其中崇明区更是具备天然岛屿物理屏障、奶牛养殖具备较强的代表性、区域内奶业产业一体化程度较高等优势。总体上看，上海市崇明区奶牛“两病”净化基础扎实，开展奶牛“两病”区域净化试点的条件相对充分。

三、人和——人是上海市崇明区区域净化成功的关键

在上海市崇明区奶牛“两病”区域示范区建设过程中，坚强有力的组织领导、企业主体的原生动力、技术模式的创新能力，是建设成功的“人和”。区域净化是一项系统工程，涉及市、区两级畜牧兽医主管部门、动物疫病预防控制机构、动物卫生监督机构，以及奶牛场、饲料厂、有机肥厂以及无害化处理机构等多种类型的生产单元；项目伊始，上海市就制订实施方案，明确工作目标、职责分工和保障措施，成立区域净化工作协调组、评估专家组和工作组，建立多部门、多单元的协同机制，形成内在合力，并将区域净化工作列入市农业农村委重点工作以及各相关单位和生产单元的目标绩效管理体系，确保项目持续深入推进，强有力的组织领导是建设成功的基础。对企业而言，上海市持续多年的奶牛每年2次100%监测、阳性100%扑杀的“两病”防控策略早已深入人心，养殖保险兜底政策减除了扑杀损失的后顾之忧，奶价奖惩政策直接关系到企业自身的营收甚至存亡，这极大调动了企业参与的积极性和主动性，是项目顺利推进的内在原生动力。示范区建设过程中，上海市创新引入风险评估技术，建立风险评估分级体系；组合优化监测方法，建立分区域、分病种、分物种的监测系统；实施一场一策、分类管理的精准净化策略，建立全链条、全覆盖的监管体系，持续开展风险交流和风险管理，创新集成区域净化机制和技术模式，这是项目成功的能力保障。

上海市崇明区“两病”区域净化示范区建设成功不是偶然的，是“天时、地利、人和”综合作用结果，这三个要素也是今后上海市夺取更多胜利的必要条件。面对新形势和新要求，上海市将继续创造“天时、地利、人和”的要素条件，示范推广区域净化模式经验，开创畜牧业发展的新篇章。

（上海市农业委员会供稿）

种畜禽场动物疫病净化　有力保障河南省畜牧业健康发展

河南省开展种畜禽场动物疫病净化以来，试点养殖场改善了防疫条件，提高了生物安全和管理水平，减少了疫病防治费用，降低了因病造成的损失，实现了动物防疫由应急性防控状态向日常性防控状态转变，有效控制了重大动物疫病，促进了畜牧业的健康发展。

（一）开展种畜禽场疫病净化，是从源头防控动物疫病的重要措施。动物疫病净化的主要目的是消灭和清除传染源。我国畜禽饲养是从核心群到繁殖群再到生产群的金字塔体系，种畜禽位于塔尖，是饲养体系的源头，其品质是否优良健康决定着后代的生产性能和健康状况。所以，从引种开始建立净化核心群，并逐级应用于曾祖代场、祖代场、父母代场和商品代场，通过各项净化措施开展动物疫病垂直净化工作，是从源头控制动物疫病的重要手段。

河南省济源市开展动物疫病净化工作

（二）开展动物疫病净化，是维护食品安全、生态安全和公共卫生安全的重要保障。当前，我国畜禽饲养量大，种畜禽场数量众多，养殖密度不断增大，病原混合感染机会增多，重大动物疫病和人畜共患病的发生呈上升趋势，不仅使生态环境不堪重负，而且给疫病防控带来严重威胁，危及畜产品质量安全和公共卫生安全。通过开展疫病净化，不仅减少了用药投入，降低了药物残留和排放量，保障了动物源性食品安全，让人民群众吃上了放心肉，而且改善了生态环境。同时，也控制了人畜共患病，维护了公共卫生安全，稳定了人民群众的幸福生活。

（三）开展动物疫病净化，是现代畜牧业转型升级、增强竞争力的有效途径。目前河南省正处于畜牧业由散养到规模化、集约化养殖转变的关键时期，只有强力推进种畜禽场疫病净化，才能保障“种子”工程质量，不断改善生产性能，为现代畜牧业转型升级创造条件。同时，通过开展疫病净化，国家和省级对通过“两场”认证的养殖企业实施挂牌、认证管理及对外公布，不仅能够增强企业的影响力和声誉，而且也提高了产品进军国内外市场的竞争力，为实现企业产品的优质优价搭建了平台。

（四）开展动物疫病净化，是种畜禽场义不容辞的社会责任。种畜禽场是河南省畜牧业的先锋队，是打造河南省畜牧品牌的主力军，是河南省畜牧业转型升级的排头兵，承担着振兴河南省现代畜牧业的重任。因此，全省种畜禽场只有带头开展动物疫病净化，才能向社会提供健康优质的畜禽良种，保障河南省畜牧业持续健康发展，扩大影响力，提高竞争力，增强话语权，实现河南省现代畜牧产业的跨越发展。

做好动物疫病净化工作，是贯彻落实国家和河南省中长期动物疫病防治规划的一项重要内容。下一步，河南省将进一步统一思想，提高认识，明确责任，科学严谨、扎实有序地把这项工作推动下去，全力打造响当当的河南省畜牧品牌，为维护河南省现代畜牧业发展安全、畜产品质量安全、生态安全和公共卫生安全做出新的更大的贡献！

（河南省动物疫病预防控制中心供稿）

内蒙古自治区狠抓畜间布鲁氏菌病防控
为畜牧业高质量发展保驾护航

布鲁氏菌病是严重威胁人畜安全的重大传染病。内蒙古自治区是布鲁氏菌病的高发区，历史上该病在内蒙古流行十分严重，20 世纪 80～90 年代得到有效控制，但近年来疫情严重反弹，防控形势十分严峻。内蒙古自治区 12 个盟市、96 个旗县都有布鲁氏菌病疫情发生，涉及范围超过了 20 世纪 50～60 年代疫情较重时期。布鲁氏菌病疫情的蔓延扩散，已经严重威胁到人民群众的身体健康和畜牧业的健康发展，可能发展成为严重的公共卫生安全事件，对自治区经济发展、社会稳定和人民生命财产安全造成严重影响。自治区按照党委、政府的决策部署，聚焦聚力布鲁氏菌病防控，通过采取有力防控措施，内蒙古自治区布鲁氏菌病防控成效显著，有力保障了畜牧业高质量发展。

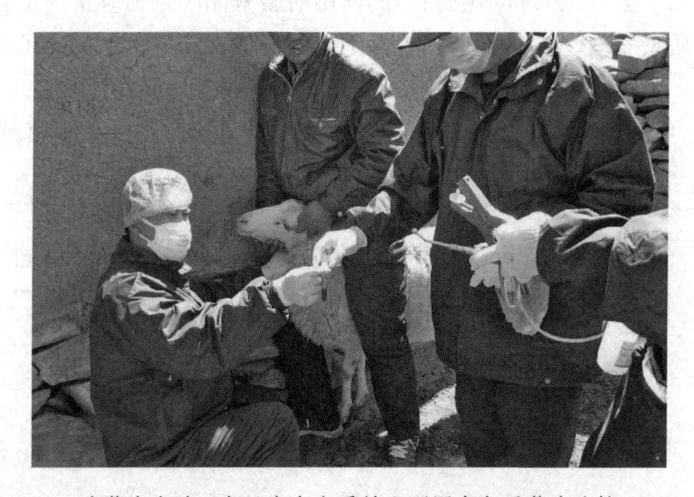

内蒙古自治区乌兰察布市采羊血开展布鲁氏菌病防控

布鲁氏菌病防控是一项长期系统工程，事关健康中国建设、事关乡村振兴战略实施、事关打赢脱贫攻坚战，责任重大，离不开相关部门支持与协作，需要全社会共同参与。从布鲁氏菌病流行区域看，养殖密度大、散养比重高、牲畜流通频繁的苏木乡镇存在布鲁氏菌病流行的较大风险。布鲁氏菌病防控在技术层面上，采取以强制免疫为主，监测流调、检疫监管、病畜扑杀、疫点处置等综合防控措施，是行之有效的。从布鲁氏菌病防控经验教训看，一是加强政府组织领导是做好布鲁氏菌病防控的关键。只有各级政府高度重视，把布鲁氏菌病防控工作列入重要议事日程中，切实落实“政府保密度、业务部门保质量”的责任制，才能充分调动广大群众防控布鲁氏菌病的积极性，真正做到群防群控。二是加大防控经费投入是做好布鲁氏菌病防控的保障。各级财政足额落实布鲁氏菌病防控工作经费，才能保障各项技术措施的有效实施。三是过硬的兽医队伍是做好布鲁氏菌病防控的基础，也是动物疫病防控的基石，在保障养殖业生产安全、动物源性食品安全等方面都发挥着重要作用。四是提高免疫质量是做好布鲁氏菌病防控的根本所在。免疫是防控布鲁氏菌病最有效的措施，只有高质量高密度实施免疫才能达到防控效果。

（内蒙古自治区农牧厅兽医局供稿）

西藏自治区聚焦畜间包虫病防治　守卫公共卫生安全

中央领导同志非常关心包虫病防控工作，特别是对藏区包虫病防治工作作出重要指示，中央财政加大投入力度，为防治工作提供了保障。西藏自治区党委政府一直强调要从战略和全局的高度，深刻认识做好包虫病防治工作的重要性和紧迫性，切实增强责任感和使命感，牢牢把握重要机遇，早部署，狠抓落实，真正做到思想不麻痹、力度不减弱、工作不松懈，以更加有力的措施和办法，扎实推进各项防控工作，努力实现包虫病防治各项任务目标。

西藏自治区包虫病防治仍然面临诸多困难和巨大挑战。一是自治区羊、牛、犬等动物均有感染，很多县存在人间感染病例，病原分布面大。许多野生动物如狼、狐狸、鹿以及草原鼠等均可感染本病，成为潜在隐患。二是自治区千家万户养殖模式基本处于散养状态，混群放牧、混畜放牧情况比较普遍。人、家畜、犬频繁接触，形成传播链条，感染风险加大。农牧民群众家家户户均有养犬的习惯，用病变的肝、肺等脏器喂犬十分普遍。三是大部分包虫病主要流行区经济发展滞后、地理环境复杂、自然条件恶劣、人文环境独特、宗教习俗多样，农牧民群众科学文化普及率较低。四是防疫检疫工作机构和队伍不健全，经费缺乏，动物宿主种类多、数量大、分布广、管理难度大。

西藏自治区动物防疫人员开展犬驱虫工作

包虫病防治事关农业农村经济持续健康发展，事关公共卫生安全，事关社会和谐。西藏以家畜传染源控制为核心，以降低家畜感染率为目标，重点要抓好“七大关键措施”：

以县为单位查清包虫病流行范围和流行程度（基线调查和监测）、加强羊免疫（预防感染）、对犬只驱虫（控制传染源）、病牛羊的肝肺等脏器进行无害化处理（防止被犬食用和污染环境）、做好兽医个人防护（防止直接接触感染传播）、加大宣传干预措施（宣传教育）、加强部门配合（联防联控）。

（西藏自治区农业农村厅供稿）

掌握规律 精准施策
为新疆维吾尔自治区马传染性贫血净化工作提供技术支撑

1963年新疆维吾尔自治区首次发现新疆马传染性贫血（马传贫），但是当时受时间和工作条件限制，未进行病毒分离。1965年，新疆维吾尔自治区畜牧厅马传贫工作组从焉耆县巴音郭楞蒙古族自治州种畜场马的血清、全血、肝、脾、骨髓、淋巴结等实质脏器成功地分离到一株传染性贫血病毒，后定为新疆焉耆传贫毒株。新疆马传贫定性后，各地（州、市）采取了多种有力防控措施，感染率、发病率、死亡率均得到有效控制，疫区也逐渐缩小。随着防控工作不断深入，因地制宜地调整防控措施，根据采取的措施不同，大体划分成四个阶段：1963—1965年为马传贫定性阶段；1965—1978年为检疫净化阶段；1979—1987年是免疫为主的综合防控阶段。从1988年开始，在检疫净化基础上，每年以县为单位，对防控效果进行考核验收。目前，全疆14个地（州、市），只有巴音郭楞蒙古族自治州未通过考核验收，且只有和静县有阳性马匹。

为落实《国家中长期动物疫病防治规划（2012—2020年）》，新疆维吾尔自治区将马传贫净化工作作为一项重大政治任务，不断攻坚克难，目前正处在净化马传贫的关键时期，也是决胜阶段。这一阶段，有计划地开展监测工作，实施全面、系统的流行病学调查，是净化马传贫的根本环节；严格管控马属动物，禁止跨区移动是防控工作的关键点；及时扑杀阳性马是最关键的环节；有力的组织和经费保障，是马传贫净化工作顺利开展的重要基础。

新疆维吾尔自治区巴州和静县工作人员与畜主登记确认马匹信息

马传贫净化工作是新疆维吾尔自治区重大动物疫病防控的一项特色工作，各级领导高度重视，但由于和静县草原特殊的地理环境，造成不同风险等级区域马匹存在混牧现象；马匹共用水源；蠓、虻等吸血昆虫可传播病毒，对马匹造成潜在威胁；蒙古族牧民有赠送、互换、代牧、景区骑乘马匹的传统；隐性感染马匹可长期带毒等原因，马传贫净化工作至今仍面临巨大挑战，具有长期性、艰巨性、复杂性。

在新冠肺炎疫情封锁期间，自治区防治重大动物疫病指挥部充分利用网络资源，克服疫情影响，制订工作实施意见，统筹协调各项工作。自治区畜牧兽医局全力保障和静县马传贫净化工作经费，并多次现场检查工作，确保各项防控措施落到实处，多次组织专家召开防控工作论证会，对下一步工作提出切实可行的意见和建议，极大地推动了马传贫净化工作。自治区动物疫病预防控制中心、巴州动物疫病预防控制中心多次派专业技术人员进行跟踪指导，节假日不休息，加班加点，共同开展各项工作。和静县成立马传贫净化工作领导小组，进一步明确各相关部门责任，以确保各项工作顺利进行。实验室的检测条件有限，是租用在疫区的一间宾馆的地下室，海拔约 2 500 米，但检测人员想出很多办法克服高原反应和身体不适的困难，充分利用有限的实验室资源，主动放弃节假日，保质保量地完成监测任务。

新疆维吾尔自治区在马传贫防控方面经过 50 多年的努力，克服重重困难，既有收获和成绩，又总结了经验和教训。首先，全面掌握了马传贫流行现状和规律，诊断方法和防控措施不断优化；其次，总结了防控工作的关键点，并在长期不断地攻坚克难中积累了丰富的经验。这些宝贵的经验教训，为今后马传贫净化工作和防控其他动物疫病提供参考。

马传贫净化工作所取得的重大进展和阶段性成绩离不开农业农村部、中国动物疫病预防控制中心、自治区人民政府和各级党政及兽医主管部门的重视和大力支持。今后，新疆维吾尔自治区必将继续全力以赴，攻坚克难，继续坚持精准动态分区、有计划地开展监测工作、分群隔离、彻底扑杀阳性马，消除传染源、严禁阳性马跨区移动等防控措施，及时发现防控工作的薄弱点，不断总结经验，新疆马传贫净化工作定能取得最终胜利。

（新疆维吾尔自治区动物卫生监督所供稿）

第三节

千锤百炼铸“利剑”——强化动物卫生监督

- 北京市
- 云南省
- 河北省
- 重庆市
- 江苏省

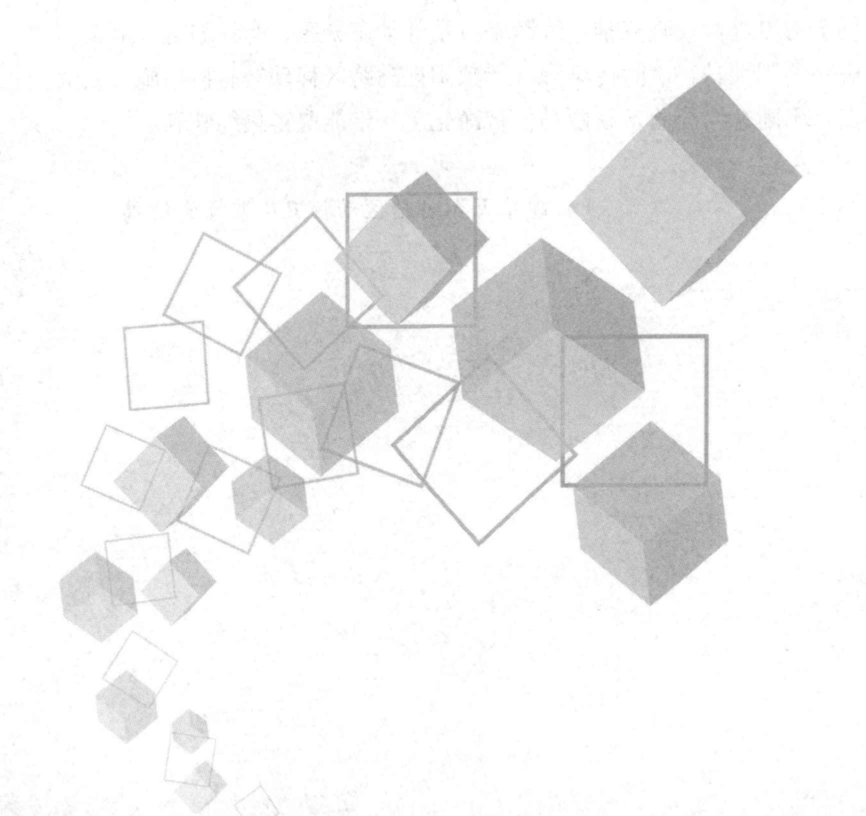

北京市建立动物及动物产品闭环监管模式　提高执法办案水平

动物及动物产品闭环监管模式的建立，提升了执法人员监督执法的全面性，增强了发现非法调运动物和动物产品的能力，方便了执法人员及时发现违法线索，从而迅速采取有效固定和抓取证据，有效提高了相应案件的办理数量和办理效率，具体体现在以下三点：

一是实现了全方位监管。传统监管模式往往是针对具体行为的“事中、事后”监管，而“首都畜牧兽医综合执法网络智能指挥系统”通过与农业农村部电子出证系统数据共享，外省开具的目的地为北京的动物及动物产品检疫证明信息会同步推送到各区动物卫生监督机构，使执法人员能第一时间掌握辖区内的畜禽调运情况，从而实现对养殖场户、承运人“事前”监管，通过执法检查和针对性的普法宣传，有效避免了违法行为的发生，实现了“事前、事中、事后”全方位监管。

北京市以三个“有没有”为抓手，实现产地检疫、屠宰检疫、进京监督三个环节信息共享

二是拓宽违法线索来源。在传统监管模式下，由于缺乏各环节间的反馈，动物或动物产品在进入本市后，就无法获知动物及动物产品的实时状态。如动物进入本市养殖环节后，需要养殖场户主动报告，执法人员才能及时介入进行有效监管，而接收未经道口进京动物的养殖场户，因为违法行为的存在，其主动报告的意愿几乎不存在；部分不执行落地报告的养殖场户，由于目前监管单位针对养殖场户的双随机或执法巡查，不足以第一时间发现养殖场户的违法行为，导致其违法行为被发现的概率较低。在监管环节衔接上，动物卫生监督法定职责仅负责从产地到流通环节的监管，不涉及市场流通领域，对市场环节上未经检疫通道运输动物产品进入本市、接收未取得动物卫生监督机构监督检查专用章的动

物产品等案件的违法行为线索搜集难度较大。动物及动物产品闭环监管模式能实时推送检查状态显示“未经道口”和接收状态显示“确认未接收”的落地异常信息，大大拓宽了违法行为线索来源，也提升了违法线索的精准度，执法人员能更准确地把握辖区内的违法线索，提升了违法行为发现的能力。

三是违法行为的精准核查能力显著提升。在以往案件查办过程中，执法人员多是依据现场勘验情况、对违法相对人询问情况，对案件性质、涉案金额和货值进行判断并做出行政处罚，对故意隐瞒违法事实或瞒报既往违法行为的行为缺乏必要的查办技术手段，客观上易出现案件查办不全面、处罚不精准的问题。动物及动物产品闭环监管模式启用，使执法人员能根据系统提供的违法行为的数量、日期、货主、承运人、目的地等关键信息，反向追踪违法行为，对涉案证据也能第一时间固定，对违法相对人的询问也更加有针对性，有效实现了执法人员对涉案线索的精准核查和精准处罚。

（北京市动物卫生监督所供稿）

云南省以疫情防控“三个一”为抓手　打好非洲猪瘟防控持久战

抓好非洲猪瘟防控，促进生猪产业健康发展，确保猪肉有效供给，事关做好“六稳”工作、落实“六保”任务大局。我国发生第一起非洲猪瘟疫情以来，在党中央国务院的坚强领导下，各级各部门积极作为，集中力量打好非洲猪瘟防控持久战，防控工作取得了阶段性的积极成效。

听从指挥，下好全国防控一盘棋。疫情防控是一项复杂的系统工程，要坚持系统思维、大局意识，把全国的疫情防控工作看作一个有机整体，坚持全国一盘棋，加强顶层设计，协调各方，从整体出发，才能有效防控。在艰巨的疫情防控任务面前，云南省听从党中央国务院统一指挥，坚决服从决策部署，坚定执行防控措施，坚持推进分区防控，切实履行地方属地管理责任和部门监管责任，克服厌战畏难情绪，始终保持战斗状态，毫不松懈落实各项综合防控措施。

联防联控，筑牢各地防控一堵墙。各部门、各单位、各行业、各群体恪守职责、齐心协力、密切配合、相互协调、联合互动，形成全链条联防联控的铜墙铁壁，筑牢疫情防控一堵墙，合力打赢疫情防控阻击战。农业农村部门充分发挥牵头组织协调作用，认真开展防控任务分解、责任落实，指导推动和督促检查工作。公安、市场监督管理、交通运输、住房城乡建设、林业和草原、海关等部门主动作为，联合开展检测排查、专项检查、实地调研、专项行动，及时消除疫情隐患，确保疫情不反弹、不蔓延。

2019 年 8 月云南省开展非洲猪瘟防控技术培训

凝心聚力，织密全省防控一张网。全省动物防疫工作人员严格落实责任，内防扩散、外防输入，做到守土有责、守土尽责。各级防控应急机构实行轮流值守，24 小时不间断。临时动物卫生监督检查站严格查证验物，切实阻断疫情输入。建立防疫人员网格化管理，逐村逐户排查生猪情况，积极宣传疫情防控知识，张贴非洲猪瘟告知书、明白纸，广大养殖场户树立科学防控意识，提高防控水平，积极履行防疫主体责任，结点成线，连线成网，构筑起防控动物疫情的同心圆。

战疫在持续，防控常态化。只要听从指挥、齐心协力、精准防控，不折不扣抓落实，雷厉风行抓落实，锲而不舍抓落实，确保疫情防控各项部署和措施落地落细落实，就一定能打赢非洲猪瘟防控持久战，为稳定生猪生产保驾护航。

（云南省农业农村厅供稿）

河北省实施病死猪无害化处理与保险联动　助力生猪产业发展

病死猪无害化处理工作是一项民生工程。自 2015 年以来，河北省大力推进病死猪无害化处理与保险联动工作，通过加大政府支持力度、出台相关保险政策、创新信息平台技术研发、多部门配合联动等手段，不断研究创新，积极探索工作机制，结合现代化物联网信息化手段，创立了病死猪无害化处理与保险联动的“平山模式”“武安模式”，取得初步成效。

河北省农业农村厅与保险公司签订保险联动框架协议

一是助力了生猪产业发展。病死猪无害化处理与保险联动工作推进，有效杜绝生猪保险的道德风险，做到“真保真赔”，为养殖场户提供了全覆盖保险保障，极大调动了养殖场户入保积极性和养殖积极性。2019 年育肥猪及能繁母猪参保数量达到 2 870 万头，占全省生猪饲养量的 60%以上，保费总额达到 7.3 亿元，比 2018 年同比增长 18%和 20%，保险保障金额达到 155 亿元，撬动各级财政补助资金 5.8 亿元，全年累计理赔 332 万头，赔付金额 6.1 亿元，为生猪产业发展提供了强有力的资金支持和风险保障，为生猪稳产保供发挥了重要作用。全省生猪养殖 2019 年 6 月底开始止跌回升，并且实现了持续增长。

二是提高了病死猪无害化处理率。生猪保险政策的创新，大幅提高了生猪养殖的参保率，调动了养殖场户无害化处理积极性，增强养殖场户做好病死猪无害化处理的自觉性，解决了养殖场户“不愿交”、无害化处理厂“难运营”等问题，减少非法处置行为的发生。2019 年病死猪无害化处理总量达到 497.67 万头，其中专业无害化处理厂集中处理 460.29 万头，集中无害化处理率达到 92%，养殖场户病死畜禽无害化处理意识不断增强，有效降低了动物疫病传播和食品安全防控风险。

三是提升了部门监管能力。通过动物卫生监督部门与保险机构联动承保、联动发放和加施保险专用耳标、联动查勘、联动理赔、联动无害化处理、联动监管等方式，实现了病死猪无害化处理的全程监管。动物卫生监督执法人员和保险理赔员共同把关、互相监督，对降低监管压力、避免保险风险、杜绝廉政风险的发生起到了“1＋1＞2”的作用，缓解了动物卫生监督机构的监管压力，大幅提升监管水平。

四是保险联动工作需要政策支撑。目前，国家和省级只对病死猪无害化处理有补助政策，政策性保险也只有生猪和奶牛，生猪养殖场户得到病死猪暂存、送交补助和保险理赔金，能够积极主动上交，集中无害化处理率高；其他畜种病死畜禽集中处理率较低。河北省石家庄市、涿州市等地将其他病死畜禽也纳入补助范围，病死畜禽无害化处理积极性显著提升，因此，建议国家出台政策，将其他病死畜禽无害化处理纳入补助范围。

（河北省农业农村厅供稿）

重庆市以落实“两项制度”为契机　全面清理审核生猪屠宰资格条件

重庆市通过对生猪屠宰企业资格条件进行全面彻底的清理审核，对合格的屠宰企业，按照规定式样统一编码制作，重新核发生猪定点屠宰证书、生猪定点屠宰标志牌，生猪屠宰企业数量由清理前的472家大幅减少至目前的142家，彻底解决了小型过渡手工屠宰点、部分企业无定点屠宰证书、屠宰代码格式混乱、屠宰条件严重落后、发证机关与监管部门严重不符等二十多年的历史遗留问题，屠宰管理工作取得重大进展。主要得益于：

一、抓住契机是前提

2019年农业农村部多次印发文件，要求清理屠宰企业基本情况、非洲猪瘟自检推进情况、官方兽医派驻情况，并明确提出“4月30日前初步建立屠宰企业信息电子档案；7月31日前，农业农村部发布全国所有合法合规生猪屠宰企业名单；2019年年底前所有生猪屠宰企业相关信息纳入动物检疫证明电子出证系统，与检疫出证相关联；对持有生猪定点屠宰证的屠宰企业派驻官方兽医”“对进展严重滞后的省份，农业农村部将与国办督查室联合约谈省级人民政府分管负责同志”。当时重庆市472家屠宰企业中，324家没有定点屠宰证，148家企业有定点屠宰证书的其屠宰代码格式十分混乱、鱼龙混杂、真假难辨。如不进行彻底全面清理审核并重新发证，7月31日后将被视为非法，动监部门不得派驻官方兽医、不得出具检疫证明，这不但影响市场供应，而且将带来一系列的信访集访事件，影响社会稳定。同时由于非洲猪瘟疫情影响，以及生猪调运监管措施的严格执行，作为净调入生猪的重庆市（年净调入生猪300万头），部分小型屠宰厂（点）没有猪源，一定程度上也为清理关闭提供了契机。重庆以国家要求、非洲猪瘟疫情导致猪源减少为两大契机，全面推进并顺利完成了生猪屠宰资格清理审核，减少了数量，规范了管理，维护了有序竞争市场秩序。

二、领导重视是关键

2019年5月7日，于康震副部长在农业农村部召开的“两项制度”百日行动工作部署会上，对当时重庆的屠宰管理工作进行了点名批评。重庆市痛定思痛，直面问题，迎难而上，同时结合农业农村部一系列文件要求，将屠宰资格清理审核和屠宰环节“两项制度”落实作为当时全市兽医方面的中心工作，5月22日，分管副市长专题研究，现场办公，现场决策，现场签发，5月22日，市政府办公厅正式印发《关于加强生猪屠宰管理工作的通知》，要求全面清理审核畜禽屠宰资格，全面落实屠宰环节“两项制度”，并明确了组织责任、完成时限、日常监管，确保按时完成交办任务；文件明确区（县）

政府是责任主体，要求制订具体措施，明确分管负责人，落实部门责任，采取时间倒排、挂图作战、对账销账和每周调度、每日通报、电话提醒、发督办函、约谈区县政府分管负责人的方式全力推进。清理期间，市农业农村委专门印发文件4个，领导专题研究20余次，成立了由主要领导任组长的工作领导小组、由现职处级领导任组长的7个定点联系督促工作组，召开全市工作培训推进会，梳理印发《畜禽屠宰资格管理法规政策文件汇编》。行动期间，分管副市长3次、委主要领导4次在全市性会议上强调安排，委分管领导4次电话提醒，7个工作组组长3轮电话提醒区县相关领导，市经办人员100多次衔接区县经办人员，市农业农村委2次、市动监所2次书面督办。

三、依法依规设置条件是基础

结合工作实际，重庆市设置了5大条件：一是规划条件，要求符合城乡发展或建设规划、定点屠宰厂（场）设置规划等，要求衔接规划与自然资源部门出具审查意见（符合规划）；二是环保条件，要求衔接生态环境部门出具审查意见（达到环保要求，并获得全国统一编码的排污许可证）；三是屠宰条件，必须有相应的场地、人员、设备、制度等，要求衔接兽医部门出具审查意见（合格）；四是动物防疫条件，要求衔接兽医部门出具审查意见（合格，并获得动物防疫条件合格证）；五是非洲猪瘟自检条件，有相应实验室、设备和检测技术人员，能够开展非洲猪瘟自检，要求衔接兽医部门出具审查意见（合格，并已按照要求开展自检）。这些条件的设置，为资格清理奠定了坚实基础，也有效避免了信访事件，关闭了70%的屠宰企业，只接待了有限的几次信访，可以说，依法依规设置条件发挥了重要作用。

重庆市涪陵区生猪屠宰场非洲猪瘟检测实验室一角

下一步，重庆市拟对所有屠宰企业的资格条件每年进行一次现场复核，逐区（县）逐厂（点）提出整改要求，若3次整改不到位的，将取消定点屠宰资格，同时加强与规划、环保等部门的配合，多手段进一步规范和提高屠宰条件，进一步降低企业数量，引导屠宰企业逐步实现规模化、标准化、规范化、现代化发展。

（重庆市农业农村委员会供稿）

江苏省以系统化思维谋屠宰行业高质量发展

不谋全局者，不足谋一域。要谋全局就必须有系统化思维，加强顶层设计，坚持问题导向，抓住整体，突出重点，通过务实有效的路径和举措，解决深层次矛盾和结构性问题。自2014年接手畜禽屠宰管理职能以来，江苏省农业农村厅坚持系统化思维，注重规律性把握，推动出台一系列政策文件，深入开展行业清理整顿、持续优化产业布局、大力推进标准化建设，有效推动了行业转型升级，保障了人民群众“舌尖上的安全”。

一、顶层设计是加强生猪屠宰管理工作的核心

顶层设计是运用系统化思维推动工作的核心。2014年畜禽屠宰管理职能划转到农业农村部门后，江苏省农业农村厅积极组织开展调研，摸清行业现状，剖析存在问题，厘清工作思路，推动出台系列政策文件。2015年，江苏省政府办公厅印发《关于加强畜禽屠宰行业监督管理工作的意见》，明确了全省畜禽屠宰管理工作目标和重点任务；2017年，经省政府同意下发《关于进一步加强畜禽屠宰行业管理的意见》，对全省屠宰行业发展谋篇布局；2018年经省政府同意，会同省市场监管局、省生态环境厅联合下发《关于加强牛羊家禽屠宰监督管理工作的通知》，全面推行“集中屠宰、集中检疫”管理。围绕准入管理、事后监管、无害化处理监管、打击屠宰违法活动等，会同省财政、公安、市场监管等相关部门分别制定印发了相关文件，进一步明确了要求、实化了举措，发挥了显著成效。

江苏省官方兽医开展屠宰企业远程视频监控巡检

二、问题导向是加强生猪屠宰管理工作的基点

针对全省生猪屠宰企业数量多、规模小、产能过剩严重等突出问题，江苏省及时调整

屠宰发展思路，自 2015 年开始全面开展生猪屠宰行业清理整顿，在压缩落后过剩屠宰产能上动真格、下真功、见实效。全省农业农村部门积极作为，攻坚克难，通过倒排工期、挂图作战、定期通报、加强考核、一线督导、资金奖补等措施，短短 3 年时间全面完成清理整顿，从根本上扭转行业经营混乱、监管难的问题，为今后推进标准化建设、产业提档升级打下坚实基础。全省共关闭不合格生猪屠宰场点 848 家，淘汰落后产能近 2 000 万头。清理整顿后，江苏省持证合法生猪屠宰企业常年维持在 120 多家，屠宰产能综合利用率和企业赢利率有了明显提升，中粮、太湖牧业、苏食、双汇、太仓青田、江苏百汇等 6 家企业进入 2018 年全国屠宰量 50 强，行业整体水平和产品质量安全保障能力也有了显著提高。

三、抓住整体是加强生猪屠宰管理工作的关键

江苏省坚持站位全局，整体谋划推进全省屠宰管理工作，切实优化屠宰产能布局，积极扶持全产业链经营，推动屠宰产能向养殖区转移，肉品供应由调猪向调肉转变。在坚持“每县（市、区）原则上设置 1～2 家生猪屠宰企业”总体规划要求下，引导苏中苏北等落后产能较多的地区，通过“腾笼换鸟”，在淘汰压减原有落后产能基础上，借助 2020 年以来恢复大型生猪养殖企业落地契机，同步配套引进优质屠宰资源，发展规模养殖、屠宰加工、冷鲜配送、连锁经营全产业链经营。鼓励苏南地区大力淘汰压减落后屠宰产能，引导优质生猪屠宰企业通过股份合作到苏中苏北等养殖主产区发展屠宰加工。鼓励兼并重组，做大做强屠宰加工企业，推动产业创新发展和转型升级，逐步压减代宰比例。2020 年以来，江苏省已注销了 3 家较为落后的生猪屠宰企业，位于养殖主产区徐州市和淮安市的 2 家集养殖、屠宰、加工于一体，设计年屠宰量百万头以上的新建标准化生猪屠宰企业列为全省农业重点项目正在抓紧推进建设中。

四、突出重点是加强生猪屠宰管理工作的方法

推动江苏畜禽屠宰管理工作，必须突出重点、集中攻坚，以重点工作带动全面工作上台阶、上层次。坚持把加强标准化建设作为推动屠宰行业转型升级、提升肉品质量安全保障能力的治本之策，驰而不息地予以推动。2018 年以来，江苏省按照“调查研究、试点示范、全面推进”的步骤，通过召开现场观摩会、举办培训班、组建检查员库、组织材料评审等，开展“五化四有”标准化建设活动，积极推动屠宰企业转型升级发展。苏州、南京、无锡等 11 个设区市建立奖补制度，对通过标准化评审的企业给予 100 万、30 万、20 万、10 万不等的资金奖补。2018 年以来，全省已建成省级标准化示范企业 40 家，其中 6 家企业获评全国生猪屠宰标准化示范厂。

江苏省生猪屠宰管理工作上取得的成效，是全省农业农村部门上下一心持之以恒的功劳，是运用系统化思维推进工作的必然结果。今后，江苏省将继续坚持系统化思维、注重规律性把握，勇挑重担，奋发有为，为实现屠宰行业高质量发展做出更大贡献。

（江苏省农业农村厅兽医局供稿）

第四节

久久为功强“根基”——夯实动物防疫体系

▶ 甘肃省

▶ 江西省

▶ 海南省

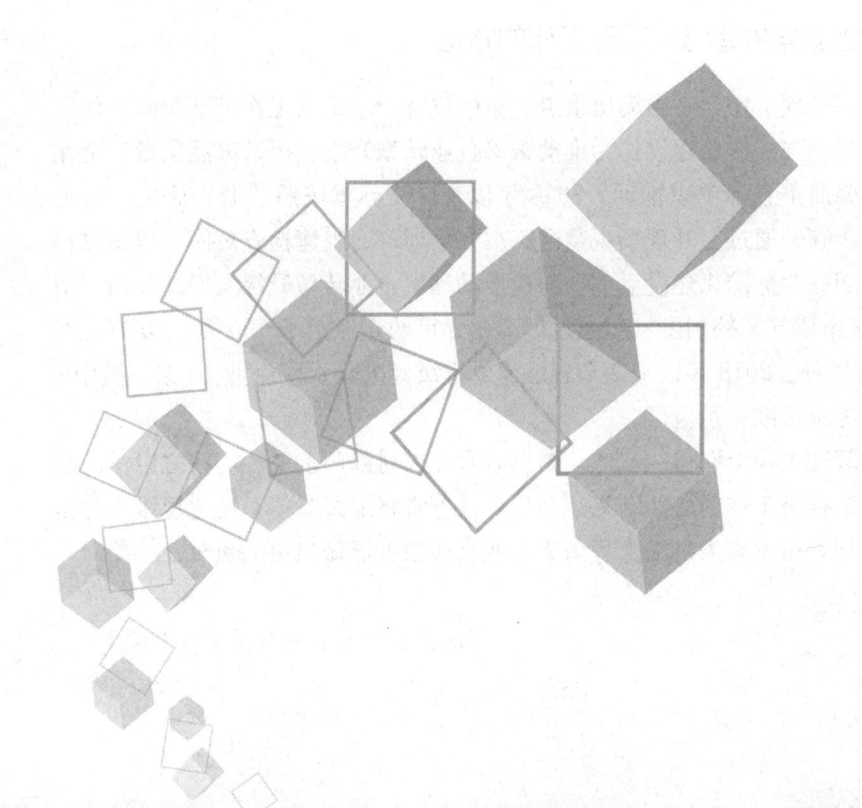

甘肃省开展多渠道全覆盖培训　提升基层动物防疫队伍战斗力

近年来，在决战决胜脱贫攻坚关键时期，养殖业作为甘肃省脱贫攻坚支柱产业，得到了快速健康发展。同时，动物防疫保障任务也随之越来越重，要求越来越高，责任越来越大。当前，甘肃省养殖业仍以中小养殖场户为主，抓好动物防疫各项措施落实落细，基层动物防疫队伍是关键和基础，可以说这支队伍的战斗力直接决定着动物疫病防控工作的成效。

加强基层动物防疫人员业务学习培训，是有效提高工作能力和水平的需要，是保障畜牧产业健康发展，积极应对动物疫病新形势和新要求的需要。甘肃省畜牧兽医局一直对基层动物防疫人员的学习培训工作十分重视，将提升基层动物防疫人员能力水平作为一项重点工作常抓不懈，每年都制订培训计划并组织开展培训工作，目的就是通过培训，使基层动物防疫人员能够了解当前动物疫病防控工作现状及动物疫病发生的特点，更加深入地了解和掌握各项防疫政策和防治原则、方法和途径，提升动物防疫工作人员业务水平和操作技能，增强重大动物疫病防控能力和应急处理能力，为生猪生产恢复和畜牧产业转型升级提供坚实防疫保障。

2019 年 8 月甘肃省举办家畜包虫病防控技术培训班

2019 年以来，在全省各级动物防疫人员的共同努力和艰辛付出下，非洲猪瘟防控成效显著，口蹄疫、禽流感等重大动物疫病防控形势总体平稳可控，生猪生产呈现持续快速恢复增长的良好态势，得到了国务院副总理胡春华的表扬。这一成绩的取得，主要依托我们有一支作风良好、业务精湛的基层动物防疫队伍。

习近平总书记指出，善于学习，就是善于进步，在学习理论上，干部要舍得花精力。中国共产党人依靠学习走到今天，也必然要依靠学习走向未来。当前，在深入推进产业扶贫，决战决胜脱贫攻坚，大力实施乡村振兴的关键时期，在常态化防控非洲猪瘟的新形势新要求下，在积极主动应对各种新的外来及传统重大动物疫病风险中，在为生猪生产恢复和畜牧产业转型升级提供坚实防疫保障中，不论是攻坚克难还是深水跋涉，全体兽医防疫人员都必须向学习要定力、要能量，以学增智、以学兴业，切实夯实服务保障能力，锻造一支优秀的基层防疫队伍。

全省各级畜牧兽医主管部门将认真学习贯彻习近平总书记关于“三农”工作的重要论述，切实增强使命感和责任感，主动适应形势变化，以功成不必在我的决心和勇气，以改革精神和法治思维，在突出服务保障的基础上，谋划破解防疫人员学习培训难题，帮助干部职工掌握过硬的业务本领，努力推动动物疫病防控工作扎实有效开展。进一步做好新形势下基层动物防疫人员学习培训工作，既要坚持运用行之有效的传统方法，又要通过改革创造新的方法，不断提高教育培训科学化水平。一是在搞好分类培训和按需培训上下功夫。省、市、县、乡、村不同类别、不同层次、不同年龄、不同经历的动物防疫人员，需要解决的问题不可能完全相同，因此教育培训不能“一锅煮”，必须区分对象，要适应动物防疫发展的需要和知识更新越来越快的趋势，紧密结合基层防疫人员的思想、知识和工作能力的实际，针对性开展个性化、差异化分层分类培训、按需培训。二是在创新培训方式方法上下功夫。坚持教无定法、贵在得法，针对不同对象、不同专题和不同内容，采取灵活有效的培训方式和手段，因人施教，因材施教，增强培训的互动性、实践性和实效性，特别是要增强基层动物防疫人员培训的现场实战演练，确保以学促进、学以致用。三是注意处理好集中培训与自主学习的关系。在坚持和完善集中培训制度的同时，结合学习型社会建设，大力倡导全员学习、终生学习的理念，积极鼓励引导各级各地动物防疫人员对新知识、新技能、新信息开展自主学习，不断充电，切实提升做好动物防疫的自身能力和服务保障水平。四是加强和改进学习培训的考核评估。加强对动物防疫人员学习培训情况的考核评价，研究探索推进分层级、分地区、分防控重点的学习培训效果考核评价指标体系，坚持把各项防控措施落实，规范开展免疫消毒、排查监测以及动物疫病防控成效作为考核评价的重要指标，确保学习培训和工作实际密切结合起来。

（甘肃省畜牧兽医局供稿）

江西省强化全链条防疫体系建设
构建动物防疫领域补短板多元投入格局

针对基层动物防疫体系薄弱现状，2018 年以来江西省农业农村厅组织开展了基层动物防疫体系建设大调研活动，通过开展实地调查、座谈研讨、统计分析等大量工作，基本摸清了现状和问题，提出了针对性对策建议。

一、当前现状和存在问题

（一）动物防疫检疫设施基本满足工作需要。江西省先后实施了中央预算内投资动植物保护能力提升项目和扩内需项目。各级地方财政也投资进行了建设，动物防疫检疫设施等得到不断完善，虽然还存在不少短板，但基本能够满足工作需要，建议不再作为下一步资金投入的重点。以动物疫病监测预警能力为例，江西省地市级动物疫病预防控制机构全部具备非洲猪瘟等重大动物疫病病原学检测能力，半数以上的县（区）已具备非洲猪瘟病原学检测能力。

（二）基层人员队伍力量不足问题日渐突出。县、乡两级动物防疫检疫人员力量明显不足，大部分县级动物防疫检疫机构只有 3～5 人，有的甚至只有 2 人；大部分乡（镇）只有 1～2 名动物防疫检疫人员，相当数量的乡（镇）畜牧兽医站实际上只有 1 人。当前动物防疫检疫工作日渐繁重、工作要求越来越高，但人员力量却在弱化，导致各项防疫检疫工作疲于应付。

（三）养殖、调运、屠宰环节防疫设施薄弱。很多小型养殖场连最基本的消毒池、消毒通道、消毒间都没有，防疫主要凭经验。非洲猪瘟疫情已经给了江西省深刻的教训，中小养殖场防疫设施不健全，防疫措施落实不到位，导致疫情多发。非洲猪瘟原本属于传播较慢的疫病，但实践发现，非洲猪瘟病毒借助生猪、饲料运输车辆显著加快传播速度，运输车辆成了疫病传播的加速器。加强养殖、屠宰企业防疫设施建设已经成为当务之急，畜禽养殖场迫切需要加强车辆清洗消毒点、出猪台、消毒设施、生物安全物理隔离设施、污水处理等防疫设施建设。

二、对策建议

（一）高位推动，加强基层防疫检疫队伍建设。省人民政府出台《关于加快建立非洲猪瘟防控长效机制　切实稳定生猪生产保障市场供应的实施意见》，明确要求建立健全省、市、县三级动物卫生监督机构和动物疫病预防控制机构，县级动物疫病预防控制机构专业技术人员不少于 5 人，应至少配备 3～5 名动物卫生监督执法人员，每个乡镇配备官方兽医不少于 2 名。

（二）重点倾斜，加大生产经营环节防疫设施投入力度。动物防疫基础设施投入的重点应转到养殖、贩运、屠宰环节，良好的防疫工作是靠生产经营企业积极主动防出来的，而不单单是靠动物防疫检疫部门管出来的。根据“预防为主”的原则，只有真正把养殖、贩运、流通、屠宰等各环节防好了，才能减少动物疫病的发生。主管部门加强政策引导和资金投入，鼓励和支持生产经营主体加强防疫设施建设，构建从养殖到屠宰全链条防疫体系。

（三）多元投入，发挥兽医公共服务基础设施长期效果。病死畜禽无害化集中处理中心、生猪运输车辆清洗消毒中心等兽医公共服务防疫设施，项目建成后需要长期运转发挥作用。调研发现，相当数量畜禽养殖大县建设的病死畜禽无害化集中处理中心、生猪运输车辆清洗消毒中心等兽医公共服务基础设施，目前正面临运行费用缺口大、运行难的问题，影响其充分发挥动物防疫作用。建议兽医公共服务基础设施建设采取市场化运作、政府主导与社会参与相结合的模式，即政府搞好规划布局，制订和落实扶持政策，积极引导和鼓励社会资本参与兽医公共服务基础设施建设和运转，政府进行适当奖补，并允许第三方机构合法赢利，健全长效运转机制。

宜春市铜鼓县新建生猪运输车辆清洗消毒中心一角

动物防疫领域补短板不仅仅是加强动物防疫检疫部门的基础设施建设，更重要的是引导和支持生产经营主体改造升级防疫设施，多元投入兽医公共服务类基础设施建设，强化从养殖到屠宰的全链条兽医卫生风险管理，大力构建多元投入格局。

（江西省农业农村厅畜牧兽医局供稿）

海南省以非洲猪瘟防控为契机　完善动物防疫体系建设

动物防疫工作是一项社会公共卫生事业，事关畜牧业持续健康发展、动物产品质量安全、人民群众身体健康和社会稳定。建设和完善动物防疫体系，提高动物疫病的预防和控制能力，是实现养殖业持续稳定健康发展的前提条件，也是保障食品安全和公共卫生安全的必然要求。

海南省建设无规定动物疫病区以来，动物防疫体系建设工作开始向法制化轨道迈进，保障了动物防疫和动物卫生监督工作正常开展，为在市场经济条件下做好动物防疫工作提供了有力的法律保障，也为落实依法行政创造了良好的外部环境。但多年来未发生重大动物疫病，使得全省对动物疫病防控工作滋生了麻痹思想，对动物防疫工作不重视，人员力量不足、机构不健全、经费投入不足，造成动物防疫体系建设比较滞后。积弊成疾，在 2019 年暴发了非洲猪瘟疫情，对海南省生猪产业带来了沉重打击。

2019 年 4 月海南省万宁市动物防疫人员在掩埋扑杀猪只

鉴于海南省动物防疫体系中曾经存在的短板，部分市县以非洲猪瘟防控为契机，加强畜牧兽医体系建设。比如万宁市原撤销的市动物疫病预防控制中心恢复并升级为副科级单位，并将原万宁市动物卫生监督所的职能划入市疫控中心，有 27 个编制。开展畜牧兽医体系建设情况专题调研，检视问题，查找短板，相关情况提请省政府专题会议研究，推动尽快解决人员不足、机构混乱、能力薄弱等问题，并宣传推广万宁市经验，健全市县、乡镇、行政村三级畜牧兽医体系。东方市政府已经同意为市畜牧中心的疫控中心配备 6 名事业编制的实验室人员。五指山市动物疫病预防控制中心升级为副科级独立核算法人单位，并在机构改革中将市动物卫生监督所职能划入市动物疫控中心，接收 4 名检疫人员充实队伍。昌江县在原有县畜牧中心 15 个参公事业编的基础上，再增加 5 名参公事业编，安排从事动物疫病防控工作。

自 2019 年 5 月中旬开始，市县级兽医实验室非洲猪瘟的检测能力从零起步开始建设。截至目前，全省 18 个市县及洋浦经济开发区的兽医实验室均已获得市县级非洲猪瘟检测的授权资质，具备开展非洲猪瘟检测的能力。

值得欣慰的是，全省上下认真落实省委省政府决策部署，经过 45 个日夜奋战，6 个市县均通过验收解除封锁。通过这次非洲猪瘟大洗礼，海南省深刻地认识到加强动物防疫体系建设的重要性和必要性。面对错综复杂的动物疫情形势和艰巨而责任重大的动物疫病防控任务，如何建立一支组织健全、队伍精干、技术精良、运转有序的基层动物防疫组织，构建动物防疫屏障，维护动物产品质量安全，确保畜牧业健康发展，是当前基层动物防疫体系建设中迫切需要解决的问题。

（海南省农业农村厅供稿）

第五节

织密穿牢“铁布衫”——狠抓提升养殖场生物安全

▶ 浙江省

▶ 福建省

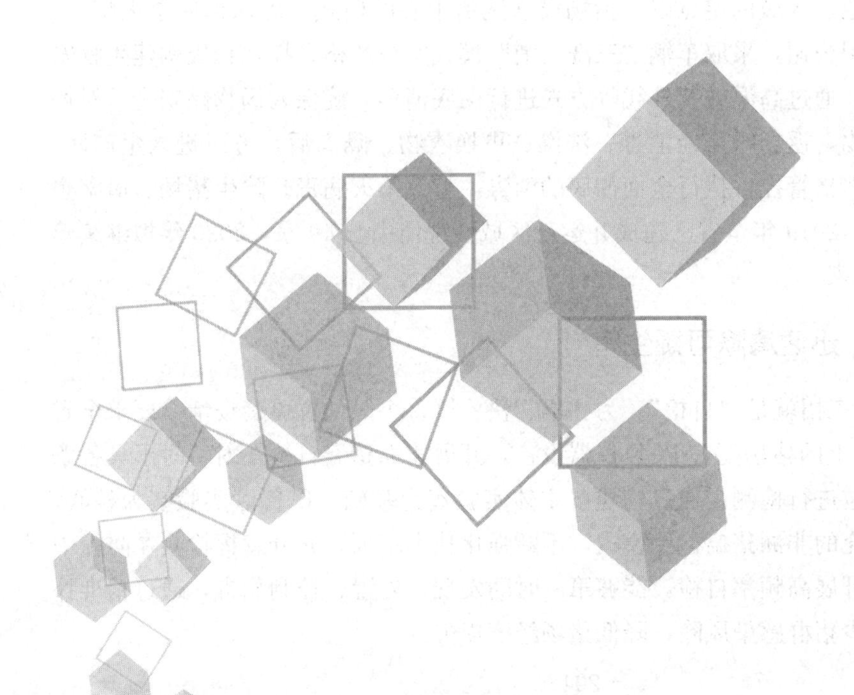

浙江省用组合拳为“百千行动”提供技术保障

为全力狙击非洲猪瘟疫情，保障生猪基础产能安全，2019 年以来，浙江省部署开展了生猪产业全链条严管“百场引领、千场提升”行动（即“百千行动”），牢牢织密扎紧养殖场、屠宰企业等重点场所防控篱笆，主体生物安全水平得到显著提升。

一、有效隔离，坚决阻断病毒传入

“百千行动”的第一招是“隔离”。非洲猪瘟病毒已在国内定殖，病原在环境中广泛存在，在饲料、运输车辆、人员体表均有检出。在目前缺乏疫苗和有效药物的情况下，隔离无疑是最简单有效的方法。针对规模猪场的实际，浙江省农业农村厅及时组织开展调查摸底，制订一场一策。按照“缺什么补什么”的原则，首先要求建设环绕猪场的实体围墙，与周围环境有效隔离，有条件的在围墙外深挖防疫沟，筑牢最坚固的第一道屏障。其次，合理猪场功能分区，通过改扩建方式，规范猪场办公区、生活区、生产区、隔离区等设置，对净道、污道实行严格分开，严禁交叉。通过有效的物理隔离，将病毒拒之门外。

二、彻底消毒，严管车流、物流、人流

“百千行动”的第二招是“消毒”。由于非洲猪瘟病毒污染面广，极易通过物品、车辆、人员等传入猪场。因此，对入场物品、车辆、人员进行彻底消毒，意义重大。对外来车辆，通过在交通要道、区域内定点以及猪场设立洗消中心的模式，确保彻底杀灭病毒。如美保龙种猪育种有限公司，采取车辆“三洗三消”模式实行严格管控，积极构建生物安全模式。对入场物品，通过高温或紫外线等方式进行彻底消毒，确保入场物品安全。对场内人员，严格控制外出，返场时需经消毒、洗澡、更换衣物、隔离后，方可进入生产区。通过对车、物、人的严格管控，执行全面彻底的消毒，有效杀灭病毒。除生猪场、屠宰企业自建的洗消中心外，2019 年全省已建成并运行区域性洗消中心 49 家，2020 年拟继续建设区域性洗消中心 18 家。

三、高频自检，迅速清除可疑生猪

“百千行动”的第三招就是“自检”。为“早、快、严、小”处置可疑疫情，要求全省 145 家存栏 5 000 头以上的猪场配置 PCR 仪器设备，开展非洲猪瘟自检，对暂时不具备条件的，委托有资质单位进行检测。通过构建以主体实验室为基础、以兽医实验室为核心、以第三方实验室为补充的非洲猪瘟检测模式，不断强化技术培训，充分发挥检测在防控中的核心作用。猪场的开展高频率自检，能够第一时间发现、处置、控制病毒，通过精准扑杀方式，最大程度减少猪群感染风险，降低猪场经济损失。

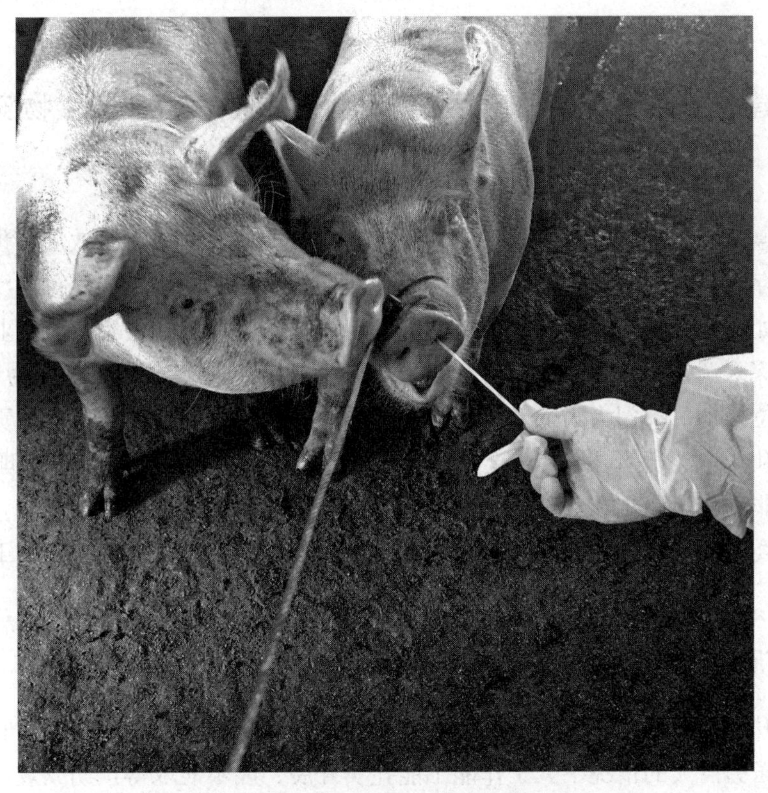

浙江省某种猪养殖场在非洲猪瘟自检中采鼻拭子

通过实行“百千行动”，不断引导养殖主体打好隔离、消毒、检测等一系列组合拳，扎实提升生物安全水平，夯实非洲猪瘟防控基础，有力保障生猪基础产能安全。

（浙江省农业农村厅供稿）

福建省推动落实“三个责任” 全面提升养殖环节生物安全

非洲猪瘟是当前生猪产业恢复发展的最主要威胁。在目前缺乏有效疫苗预防保护，现行防控措施存在薄弱环节，猪肉产品走私、违法违规调运、私屠滥宰等行为没有完全杜绝的情况下，如何有效防控非洲猪瘟成为摆在所有动物防疫人员和生猪养殖企业面前的一大难题。经过深入调查研究，福建省将全面提升养殖环节生物安全水平确定为关键突破口，通过政府高位推动、部门大力促动、企业积极行动，全面落实地方政府属地责任、相关部门监管责任和生产经营者主体责任，推动生猪养殖场户防疫设施设备和管理措施全面升级，坚决将非洲猪瘟阻挡在养殖场“铜墙铁壁”之外，取得了良好防控成效，得到了农业农村部和省委省政府领导的充分肯定。对于生猪养殖环节生物安全水平提升工作，有几点体会供参考：

一、政府重视是推动工作开展的坚强保障

全面提升养殖环节生物安全水平是一项打基础、利长远的工作，在当前非洲猪瘟防控任务繁重、压力巨大的情况下，工作能不能扎实开展、能不能取得预期成效，与各级党委政府的重视密不可分。福建省委省政府高度重视，主要领导和分管领导亲自部署，及时将强化生物安全防范重要性的认识灌输给市、县两级党委和政府领导，层层传导压力，有力确保了相关措施落实落地。

二、部门督导是完善防疫措施的关键推力

在全面提升养殖环节生物安全水平工作中，各级畜牧兽医主管部门充分发挥“指战员”作用，及时出台指导意见，组织动物防疫干部和省内兽医专家开展生猪养殖场户全覆盖监督检查，帮助查找防疫漏洞，一场一策指导制订整改方案，限期整改到位。正是在兽医主管部门的大力督促指导下，养殖场户及早明确了有效防控非洲猪瘟的重点和方向，及时补缺补漏，为福建省生猪养殖环节生物安全整体水平的提升打下了坚实基础。

三、政策扶持是提升生物安全的重要引领

2018 年 8 月非洲猪瘟传入我国后，生猪产业遭受重创，很多养殖场户承受着生猪压栏、价格跳水、养殖成本提升等问题，资金周转较为紧张，在这种情况下要求养殖者加大动物防疫基础设施投入难度极大。为此，福建省政府出台一系列扶持政策，对建设生猪运输车辆洗消中心、采购动物防疫设施设备给予资金补助，有力缓解了养殖场户的资金压力，有力提振了养殖场户的防疫信心。

2019 年 2 月福建省动物防疫专家指导某生猪养殖场提升生物安全水平

四、企业自觉是落实防疫制度的根本动力

落实生物安全措施，关键在于养殖企业。福建省生猪养殖企业具有强烈的危机意识，能够自觉履行动物防疫主体责任，主动加大投入、严格内部管理，是推动生物安全措施全面落实落地的最主要力量和最根本保障。福建永诚农牧科技集团有限公司、福建一春农业发展有限公司等一大批龙头企业还充分发挥技术优势，逐步探索出符合当地特点的非洲猪瘟防控经验，为其他养殖场户提供了有益借鉴。

五、协会作用是促进工作实施的有力补充

各地畜牧业协会、畜牧兽医学会等民间性组织在当地养殖场户中有着较强的号召力和影响力。福建省十分注重利用各地行业协会的组织协调优势，及时宣传和解读防控政策，发动和带领生猪养殖场户加强行业自律、提升防控能力、共同抵御风险、收到良好效果。

（福建省动物疫病预防控制中心供稿）

第六节

建好用活“倍增器”——加快畜牧兽医信息化

▶ 吉林省

▶ 广西壮族自治区

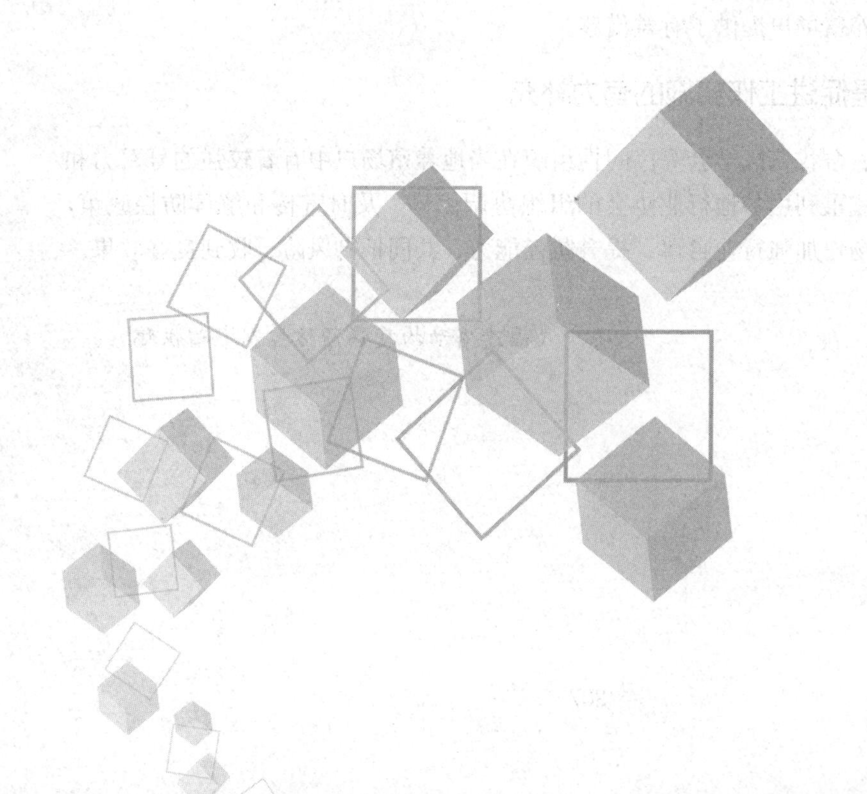

吉林省建立 96605 平台　助推现代畜牧业健康发展

吉林省畜牧兽医技术服务中心（以下简称“96605 平台”）作为行业主管部门设立的畜牧兽医信息化综合服务平台，肩负着全省畜牧兽医行业领域知识科普、政策解读和宣教预警的信息化服务责任，这是信息时代背景下现代畜牧发展的新需要，也是打通服务三农“最后一千米”，贯彻乡村振兴战略的重要举措。

一、通过整合资源接入点，有效掌握了宣传培训主阵地

96605 平台设立了 96605 服务热线、96605 微信公众号和 96605 直播三大服务板块，与基层畜牧兽医工作人员和养殖场（户）之间建立高效的信息沟通渠道，全方位开展畜牧业生产和疫病防控信息化服务，有效避免因各主管部门接口众多、基层群众一头雾水的尴尬情况，也切实解决了网络信息鱼龙混杂、真假难辨的问题。挑选精干力量，组建畜牧兽医专家队伍，实时解答全省基层养殖场户及畜牧兽医工作人员提出的政策法规、养殖技术、疫病防控、价格行情等问题并受理行业举报。截至 2020 年 7 月，96605 服务热线累计解答群众咨询 7 600 余人次，抽查回访满意率 100%。微信公众平台还设立了政策法规、非洲猪瘟、养殖技术、病例分享、兽医微视、视频培训等 15 个子栏目，其中非洲猪瘟栏目重点对国内疫情追踪发布，对相关政策及时更新，成为业务系统和基层群众查询相关信息的重要渠道。目前 96605 微信公众平台关注用户已达 3 万余人，累计编发推送畜牧兽医相关文章 1 200 余篇，录制发布微视频及视频培训课件 140 余个，原创病例 200 余篇，累计举办非洲猪瘟等重大动物疫病防控、畜禽养殖废弃物资源化利用、屠宰行业安全生产、畜牧产业精准扶贫等共计 36 期直播培训，累计直播观看 38 万余人次，解决产销对接问题 2 次，成为贯彻国家和省政策措施、基层单位交流经验的重要平台。

2020 年 1 月吉林省基层动物检疫员在开展科普宣传

二、通过打造基层兽医网红，有效提升了畜牧兽医公众形象

为避免宣传培训工作陷入形式和枯燥，96605平台紧跟时代潮流，用精心拍摄的原创微视频打造“兽医网红”，另辟蹊径创新兽医宣传工作，避免网络信息的同质化和程序化，从而全面提升96605平台影响力和信息化服务的针对性、实用性。特别邀请行业内知名专家，以生猪复养、非洲猪瘟等重大动物疫病防控关键点、季节性常见病流行病防控等为题，录制拍摄大量科教知识微视频，形式多种多样，语言通俗易懂，满足了普通养殖场户的技术渴求，为非洲猪瘟疫情和新冠疫情后生猪产能快速恢复奠定了坚实基础。为展现平凡的畜牧兽医人员真实工作状态，96605平台组织拍摄基层工作纪实片，钻牛棚、进猪圈，顶烈日、斗严寒，完美呈现出多期热点。《以平凡致敬不凡——一位乡镇畜牧兽医站长的一天》《无声的守候——一位产地检疫员的一天》《全能好兽医——基层兽医工作纪实》等短视频宣传片，在新华社、人民日报等主流媒体客户端发布，浏览量达500余万人次，让全社会了解畜牧兽医行业，让人民群众看到基层兽医人为公共卫生安全的默默付出，重新提振基层畜牧兽医工作人员的工作积极性。

三、通过拓展平台功能，有效助推了行业信息查询与联动

为拓展96605平台信息化服务功能，在微信公众号设立专栏，开通畜禽养殖场户基础信息采集、重大动物疫病强制免疫“先打后补”、动物运输车辆备案3个信息化系统入口，方便基层用户登录填报。同时，开通信息公示栏目，定期上传公示检疫证明和检测报告，通过信息化手段实现了省内备案的动物运输车辆信息联动、全网可查，做到了动物检疫、检测信息便捷查询、可辨真伪，有效防范了不法行为发生，有利于社会监督。特别是在处置突发非洲猪瘟疫情期间，通过基础信息普查系统，第一时间就掌握了疫区范围内的生猪养殖场户数量和养殖量，为迅速定下疫情处置决心，制订处置措施奠定了坚实基础。

“大鹏一日同风起，扶摇直上九万里”，96605平台将着眼畜牧产业发展大局，秉承服务理念，全面提升畜牧兽医信息化综合服务水平，必将为全省畜牧业高质量发展作出更大的贡献。

（吉林省畜牧业管理局供稿）

广西壮族自治区打造智慧动监　提高动物卫生监督管理效能

广西壮族自治区是畜禽养殖大区，畜牧业是广西农业的支柱产业，加强动物卫生监督是保障畜牧业持续健康发展的重要手段。特别是我国发生非洲猪瘟疫情后，各级人民政府将恢复生猪生产、保障肉食供应作为重中之重抓好抓实，各地严格执行动物产地检疫、动物调运和病死畜禽无害化处理监管等动物防疫措施。动物卫生监督工作点多、链长、面广，执法人员不足，按照传统方式实施监管，全面精准监管难度大、工作效率低。为切实解决工作要求与实际困难的矛盾，广西壮族自治区研发了动物卫生监督信息化管理系统，在信息化管理建设方面进行了探索，推动了“互联网＋”在动物卫生监督工作上的应用，着力打造智慧动监，提高管理效能。主要有以下几点体会。

一、解决主要问题是关键

动物检疫、病死畜禽无害化处理监管、生猪运输车辆管理、监督检查执法等工作涉及面广，工作量大而繁杂。结合工作实际需求和农业农村工作要求，2013 年，广西壮族自治区建立了动物卫生监督信息管理平台，通过管理平台填报动物卫生监督基础数据报表、进行数据统计分析和查询，之后逐步研发动物检疫安全溯源、病死畜禽无害化处理监管、生猪运输车辆管理、广西动监 e 通 4 个动物卫生监督信息管理系统，并逐步完善其功能。使用动物卫生监督信息管理系统有效地提高了监管工作效率。

2019 年 5 月广西壮族自治区检查人员使用移动设备检查运猪车辆行驶轨迹情况

二、强制规范应用见实效

根据农业农村部 79 号公告精神，2019 年我们建立了生猪运输车辆管理系统，该管理系统具有生猪运输车辆备案办理、相关备案信息统计上报及整理归档、电子台账和车辆位置实时定位和历史轨迹回放功能。广西壮族自治区农业农村厅印发了《关于启用广西生猪运输车辆管理平台　进一步做好生猪运输车辆备案工作的通知》，明确了生猪运输车辆备案及备案信息管理规定，对未通过管理系统办理备案、未安装车载定位器的生猪运输车辆不予备案，对未备案车辆运输的生猪不予出具动物检疫合格证明。各地严格执行生猪运输车辆备案管理规定，备案生猪运输车辆自觉接受监督。

三、落实经费是保障

为完善和维护升级动物卫生监督信息化管理系统，广西壮族自治区每年将所需经费列入年度部门预算，经费主要用于完善设备、数据库建设、系统软件的研发、系统运行和执法人员移动执法终端及运营，并在实际应用中不断完善、优化动物卫生监督信息化管理系统，有效保障系统正常使用。

四、加强培训宣传效果好

为有效推广应用动物卫生监督信息化管理系统，我们制订培训计划，与软件开发公司共同举办师资培训班，通过逐级、分批培训，培养了一批市、县级信息化管理培训讲解人员。各地举办现场观摩培训班，组织乡镇站管理人员、养殖、屠宰、无害化处理企业等管理相对人参加培训，确保有关人员学会使用信息化管理系统，及时上传相关信息、数据。各地通过张贴公告、告知书等方式广泛宣传动物卫生监督信息化管理系统的应用，让管理相对人知晓，自觉履行义务、及时上传数据，保障动物卫生监督信息化管理系统数据实时更新。

（广西壮族自治区动物卫生监督所供稿）

附　　录

农业农村部2020年度加强重大动物疫病防控子项延伸绩效管理实施方案

为贯彻落实党中央、国务院关于“三农”工作的部署要求，扎实做好2020年加强重大动物疫病防控延伸绩效管理工作，依据农业农村部绩效管理办法、2020年绩效管理实施方案和专项工作延伸绩效管理实施办法，制订本方案。

一、总体思路和原则

（一）总体思路

牢固树立和贯彻落实创新、协调、绿色、开放、共享发展理念，认真贯彻落实党中央、国务院关于加快政府职能转变、推进政府绩效管理的决策部署，统筹推进延伸绩效管理，加快形成上下联动、条块结合、整体推进的加强重大动物疫病防控延伸绩效管理工作格局，高质量地完成“优供给、强安全、保生态”的工作目标，打好非洲猪瘟防控持久战、阻击战，加快构建从养殖到屠宰全链条兽医卫生风险控制闭环，加快补齐产业链中生物安全薄弱环节，着力提升重大动物疫病防控能力，强化基层动物防疫体系，维护养殖业生产安全、动物源性食品安全、公共卫生安全和生态安全。

（二）考核原则

一是科学规范、客观公正。按照“公平、公开、公正”原则，规范评估程序和方法、量化考核内容和标准，科学、全面、准确、客观地衡量工作绩效。

二是简便易行、稳步推进。选择能够衡量工作绩效，具有权威性和代表性的关键指标进行考核；确保工作计划稳步推进。

三是定量定性、综合评价。评估指标能量化的一律量化，不能量化的明确评估标准。对每个指标合理赋分，对政策项目绩效做出综合评价。

二、实施范围

31个省、自治区、直辖市和新疆生产建设兵团［以下简称各省（自治区、直辖市）］畜牧兽医主管部门。

三、组织机构

农业农村部成立加强重大动物疫病防控延伸绩效管理领导小组，农业农村部畜牧兽医局主要负责同志任组长，农业农村部畜牧兽医局和中国动物疫病预防控制中心（以下简称

"疫控中心")、中国兽医药品监察所(以下简称"中监所")、中国动物卫生与流行病学中心(以下简称"动卫中心")相关负责同志任成员。领导小组下设办公室(设在农业农村部畜牧兽医局防疫处),由农业农村部畜牧兽医局防疫处处长任负责人,农业农村部畜牧兽医局和疫控中心、中监所、动卫中心相关处室负责同志任成员。

为落实中央为基层减负的有关要求,本年度农业农村部不组建现场评估小组,继续由春(秋)季重大动物疫病防控情况检查采样员对口蹄疫、高致病性禽流感免疫密度进行现场核查,并将采回样品进行实验室检测,其他工作如无特殊需要,不再进行现场核实,相关证明材料原则上通过绩效管理信息系统上传电子材料,无须另外提供纸质材料。

四、绩效管理内容与指标

重点评估各省(自治区、直辖市)畜牧兽医主管部门围绕加强重大动物疫病防控这一核心任务,开展非洲猪瘟防控强化措施落实、重大动物疫病强制免疫、动物疫病监测和流行病学调查、动物疫情应急处置、动物卫生监督管理、其他相关重点工作落实、兽医体系核心能力建设和绩效管理工作等情况(详见《农业农村部2020年度加强重大动物疫病防控延伸绩效管理指标体系》,以下简称《指标体系》,附后)。对工作得到上级领导和社会肯定,加强主要畜产品生产,加快生猪生产恢复,推动实施非洲猪瘟分区防控,动物卫生监督检查站截获、报告并按规定处置动物疫情以及创新畜牧兽医政策法律制度、承担改革试点任务、开展主要动物疫病净化、根据本地区工作实际开展特色工作的省(自治区、直辖市)给予一定的附加分。

绩效评估依据《指标体系》赋分,基础分90分,附加分10分,总分100分。评估得分前1/4的省(自治区、直辖市)评定为优秀等次。对于总分增加、名次提升或者工作进步明显的单位,也一并予以通报。对于工作出现重大纰漏,造成社会严重不良影响以及提供虚假数据和证明材料的,一经查实,一律取消当年评优资格。

五、实施步骤与时间安排

(一)各省(自治区、直辖市)自评

1. 过程管理

各省(自治区、直辖市)对照绩效指标阶段性完成情况进行自我评估,将相应工作完成进展情况及时上传绩效管理信息系统相应模块,及时发现问题,并针对性加以改进。

2. 年终自评

(1)各省(自治区、直辖市)自我评分

按照本方案确定的赋分标准,逐项对照各项指标完成情况进行打分。

(2)提交自评报告

2021年2月28日前,各省(自治区、直辖市)畜牧兽医主管部门根据绩效管理指标完成情况做出总体评价,总结取得的成效和经验,分析存在的问题和原因,提出改进措

施，形成年度自评报告，连同证明材料通过网上申报系统向领导小组办公室提交。

（二）农业农村部现场评估核实

2020 年 6 月和 2020 年 11 月，结合全国春季、秋季重大动物疫病防控检查，对口蹄疫、高致病性禽流感免疫密度进行现场核查，并将采回样品进行实验室检测。

（三）年度总结评价

2021 年 3～4 月，领导小组办公室组织对各省（自治区、直辖市）证明材料进行审核、评定，根据年度评估情况及年终评估结果，客观评价绩效目标实现程度，总结绩效管理成效和经验，分析存在的问题，提出改进措施。2021 年 5 月上旬，农业农村部畜牧兽医局将综合评价分数、评估等次建议及工作总结等报部绩效办，由部绩效办按程序统一报批。

六、结果运用

（一）通报结果

在 2021 年年中召开的全国性农业农村会议上，对 2020 年评估结果进行通报，并以部函的形式通报相关省级人民政府。

（二）综合运用

对评定为优秀等次的省（自治区、直辖市）畜牧兽医主管部门，农业农村部在基层防疫体系建设项目安排、动物疫情监测与防治经费安排等方面予以倾斜。

七、有关要求

一是加强组织协调。各省（自治区、直辖市）应成立相应的加强重大动物疫病防控延伸绩效管理领导小组和办公室，负责本辖区的延伸绩效管理工作，加强队伍建设，强化组织协调，明确责任处室或牵头部门，具体落实各项工作任务，确保全部绩效指标扎实有序完成。

二是强化督促检查。各省（自治区、直辖市）畜牧兽医主管部门要加强专项工作延伸绩效管理的督促检查，不定期组成督查组重点对年度工作计划安排、政策执行效力、资金拨付等情况开展督促检查，对督查工作中发现的问题要及时梳理、及时整改。

三是严格工作纪律。在延伸绩效管理实施过程中，要认真贯彻落实中央八项规定，严格遵守党风廉政建设各项规定和保密纪律，切实做到实事求是、客观公正。

联系人：林湛椰

电　话：010－59192858

传　真：010－59192861

邮　箱：syjfyc@163.com

附件：农业农村部 2020 年度加强重大动物疫病防控子项延伸绩效管理指标体系

附　件

农业农村部2020年度加强重大动物疫病防控子项延伸绩效管理指标体系

一级指标	二级指标	分值	评分标准	备注
(一）非洲猪瘟防控强化措施落实情况	1. 采样和疫情排查落实情况	4	制订并印发出栏2 000头以上和500～2 000头规模猪场检测方案的，得0.5分，未制订不得分。对年出栏2 000头以上的规模猪场开展一次全覆盖检测的，得0.8分，每少5%扣0.2分，扣完为止；对年出栏500～2 000头的规模猪场随机抽样检测占比达到2%的，得0.7分，每少0.2%扣0.1分，扣完为止；所有县建立畜牧兽医机构人员落实到人到场责任制并建立疫情分片包村包场排查工作机制的，得2分，每少5%扣0.5分。辖区内出现养殖场不配合，导致入场采样抽检无法进行的，每出现一次扣0.5分，最多扣4分	查看相关证明材料，向农业农村部畜牧兽医局、中国动物疫病预防控制中心、中国动物卫生与流行病学中心了解相关情况
	2. 强化疫情信息报送	3	省级畜牧兽医主管部门落实非洲猪瘟疫情有奖举报制度，及时核查举报线索，查实的及时兑现奖励，得1分，未落实不得分；定期对有奖举报制度落实情况进行督查，有关情况按月报中国动物疫病预防控制中心得1分，每少一次扣0.2分，最多扣1分。省级畜牧兽医主管部门成立相应专班或明确专人，负责统筹协调疫情和监测阳性排查报告的得1分，未落实不得分。对瞒报、谎报、迟报、阻碍他人报告等情形的，未依法从严追究法律责任或从重处罚的，每发现一次扣2分，最多扣10分	
	3. 开展违法违规调运生猪百日专项打击行动情况	4.5	督促检查百日行动开展情况，压实地方政府及有关部门责任的，得0.5分，未开展不得分；6月底前完成"牧运通"车辆备案系统与动物检疫电子出证系统对接的，得2分，未建立不得分，延期完成得1分；建立三部门情况通报、联合作战、信息共享、案件移交等工作机制的，得0.5分，未落实不得分；行动期间每周按时按要求上报有关数据材料的，得1分，每少一次扣0.2分，每延期一次或不符合要求一次扣0.1分，最多扣1分。加强行刑衔接，将百日行动期间的案件或线索移送公安机关查处的，加0.5分	

（续）

一级指标	二级指标	分值	评分标准	备注
（一）非洲猪瘟防控强化措施落实情况	4. 屠宰环节“两项制度”执行“回头查”情况	4	按照批批检、全覆盖原则，全面开展屠宰企业非洲猪瘟检测得1分，未落实的企业每占一个百分点扣0.1分，最多扣1分。落实官方兽医派驻制度企业占比达到100%的，得2分，每少一个百分点扣0.1分，最多扣2分。督促屠宰企业落实非洲猪瘟检测日报告制度，对驻场官方兽医履职情况进行考核，得1分，未落实不得分。落实屠宰环节“两项制度”工作中，每发现弄虚作假情形扣1分，最多扣4分	查看相关证明材料，向农业农村部畜牧兽医局、中国动物疫病预防控制中心了解相关情况
（二）重大动物疫病强制免疫情况	5. 口蹄疫群体免疫密度和抗体水平	4	春（秋）季集中免疫群体免疫密度达到90%的得0.3分，每少5%扣0.1分，低于80%不得分；现场核查结果达标的得0.2分，未达标不得分。春（秋）季集中免疫抗体合格率达到70%，得1分，每少1%扣0.1分，低于60%不得分。实验室核查结果达标的每次得0.5分，未达标不得分（春季、秋季分别评，各占2分）	查看实地、实物、相关证明材料，如报告、免疫档案等。群体免疫密度=实际免疫畜禽数量/应免畜禽数量×100%。现场核实结果以春（秋）防检查数据为依据
	6. 高致病性禽流感群体免疫密度和抗体水平	4	春（秋）季集中免疫群体免疫密度达到90%的得0.3分，每少5%扣0.1分，低于80%不得分；现场核查结果达标的得0.2分，未达标不得分。春（秋）季集中免疫抗体合格率达到70%，得1分，每少1%扣0.1分，低于60%不得分。实验室核查结果达标的每次得0.5分，未达标不得分（春季、秋季分别评，各占2分）	查看相关证明材料，实验室检测报告。免疫抗体合格率=抽样抗体水平达到规定标准的数量/抽样数量×100%。年中、年终两次进行实验室核查，两次检查数据均为依据
	7. 猪瘟、高致病性蓝耳病防控工作开展情况	1	有效组织落实猪瘟、高致病性猪蓝耳病免疫或监测净化措施各得0.5分，未落实相关措施不得分	查看相关证明材料，如报告、监测记录、免疫档案等
（三）动物疫病监测和流行病学调查情况	8. 动物疫病监测和流行病学调查方案制订及结果报送情况	5	6～12月每月通过疫情报告系统上报疫情信息的县占比达到100%，每月得0.2分（共1.4分），每减少5%扣0.02分，扣完为止；动物疫病报告及主动监测信息按周填报审核、报送及时得0.6分，每延期一次扣0.1分，每查实少报、漏报一次扣0.2分，扣完为止。制定本辖区监测和流行病学调查工作计划各得0.5分，未制定不得分。向省级人民政府提交评估预警报告或向社会发布预警得1分，未提交和未发布不得分。监测和流行病学调查结果报送及时规范各得0.5分，报送不及时规范每次扣0.1分，最多扣1分，未报送不得分	查看相关证明材料，向农业农村部畜牧兽医局、中国动物疫病预防控制中心、中国动物卫生与流行病学中心和国家参考实验室了解报告和送样情况

（续）

一级指标	二级指标	分值	评分标准	备注
（三）动物疫病监测和流行病学调查情况	9. 重大动物疫病疫情和病原学阳性信息报告及送检情况	3	发生高致病性禽流感、口蹄疫疫情，将疫情信息及时报送中国动物疫病预防控制中心的，各得0.5分，未报送不得分。监测到上述动物疫病病原学阳性，将有关信息及时报送中国动物疫病预防控制中心的，各得0.5分，未报送不得分。将上述动物疫病病原学阳性样品送到国家参考实验室各得0.5分，未报送不得分。未发生上述疫情的，各得0.5分。被农业农村部发现查实一起隐瞒不报的扣1分，一起报送不及时的扣0.5分，最多扣3分（对于全省范围内建成无疫区的，如能严格执行《无规定动物疫病区管理技术规范》的（需提供相关证明材料），即使没有监测到阳性样品的，病原学阳性信息和样品报送情况仍可视为满分）	查看相关证明材料，需提供省级兽医部门对市县级兽医部门处置工作进行检查和评估的相关书面材料。向农业农村部畜牧兽医局、中国动物疫病预防控制中心了解相关情况
	10. 外来动物疫病监测情况	2	按要求及时足量完成疯牛病、痒病样品采集及送检工作的，各得1分；未足量完成的，根据每种病样品的送样比例（送样数量/应送样数量）确定所得分数	查看相关证明材料，向农业农村部畜牧兽医局、中国动物疫病预防控制中心、中国动物卫生与流行病学中心和国家参考实验室了解报告和送样情况
	11. 布鲁氏菌病防治计划落实情况	2	制定布鲁氏菌病防治计划或实施方案得0.4分，未制定不得分（之前已制定且仍在有效期内的也可得分）。开展布鲁氏菌病防治，三类地区维持净化状态得1.6分；二类地区以县为单位开展布鲁氏菌病净化工作得0.8分，每增加一个县进档得0.2分，最多加0.8分；一类地区扎实开展牛羊免疫得0.8分，每增加一个县进档得0.2分，最多加0.8分	查看相关证明材料，向农业农村部畜牧兽医局、中国动物疫病预防控制中心、中国动物卫生与流行病学中心和国家参考实验室了解报告和送样情况
（四）动物疫情应急处置情况	12. 突发疫情应急管理情况	2.5	省级应急物资储备库储备有应急物资得1分，未储备不得分；有应急物资管理制度和记录得0.7分，无制度和记录不得分。举办省级重大动物疫情处置应急演练或开展应急管理培训得0.8分，未举办或未开展不得分	查看相关证明材料

（续）

一级指标	二级指标	分值	评分标准	备注
（四）动物疫情应急处置情况	13. 疑似重大动物疫情核查情况	3	对重大动物疫情举报电话进行 24 小时值守得 1 分；电话记录翔实得 0.5 分，及时核查并处置得 0.5 分。随机抽查发现无人接听电话的，每次扣 0.2 分，最多扣 1 分。据各种途径反映的问题或提供的线索，主动核查所有实名举报的疑似重大动物疫情得 1 分；对未主动核查、未及时反馈情况的，农业农村部每发现 1 起扣 1 分，最多扣 3 分	由农业农村部畜牧兽医局组织随机检查值守情况（设立的举报电话需于 2020 年 10 月 30 日前通过网上申报系统填入本项目的“工作进展”中），查看文件资料，如制度、年度汇总报告、电话记录、核查处置报告等。无人接听电话是指抽查人员连续 2 次拨打备案的值班电话（间隔 30 分钟）无人应答的。查看相关证明材料。需提供每一起主动核查疑似疫情的核查报告或详细的处理结果汇总表。向农业农村部畜牧兽医局、中国动物疫病预防控制中心了解相关情况
	14. 重大动物疫情和监测阳性处置情况	3	指导市县级兽医部门对重大动物疫情或监测阳性及时处置得 2 分，未及时处置不得分。省级畜牧兽医主管部门对市县级兽医部门重大动物疫情或监测阳性处置工作及时进行检查、指导和评估的得 1 分，未开展不得分。对未及时处置，或未按最新版本的应急处置方案处置疫情的，农业农村部每发现 1 起扣 1 分，最多扣 3 分	查看相关证明材料。需提供省级兽医部门对市县级兽医部门处置工作进行检查和评估的相关书面材料。向农业农村部畜牧兽医局、中国动物疫病预防控制中心了解相关情况
（五）动物卫生监督管理情况	15. 加强调运环节监管	5	制定公布动物及动物产品跨省运输指定通道，得 1 分，未制定公布不得分。落实动态管理生猪运输车辆备案制度并对发现涉嫌违法违规调运的车辆能够立即取消备案的，得 1 分，未落实不得分。定期对生猪运输备案车辆开展非洲猪瘟检测并能够做到对检出阳性的暂停备案，整改不到位的取消备案的，得 1 分，未开展不得分。在生猪调出大县建成活畜禽运输车辆洗消中心，建立车辆洗消管理制度，得 1 分，未建设不得分。开展生猪收购贩运单位和个人基础信息登记的，得 1 分，未开展不得分	查看相关证明材料，需提供省级兽医部门对市县级兽医部门处置工作进行检查和评估的相关书面材料。向农业农村部畜牧兽医局、中国动物疫病预防控制中心了解相关情况

（续）

一级指标	二级指标	分值	评分标准	备注
（五）动物卫生监督管理情况	16. 畜禽产地检疫工作情况	3.5	省级推进畜禽产地检疫工作，全面开展国家畜禽遗传资源目录内畜禽产地检疫的，得 2.5 分，每出现有一种畜禽应检未检的，扣 0.5 分，扣完为止。开展产地检疫培训和宣传工作各得 0.5 分，未开展不得分	省级兽医部门列出全省生猪产地检疫百分比。省级兽医部门提交印发的文件、会议纪要、督导检查文件等资料。向农业农村部畜牧兽医局、中国动物疫病预防控制中心了解相关情况
	17. 动物卫生监督案件办理工作情况	4	2020 年全年省内平均每个县办理动物卫生监督案件数达到 10 件以上（含）得 3 分，平均每少 1 件扣 0.3 分，扣完为止。省级兽医部门专题研究推进执法办案工作得 1 分，未推进不得分	查看相关证明材料，省级农业农村部门以县为单位列出每个县 2020 年执法办案数以及每个案件详细目录。省级兽医部门提交印发的文件、会议纪要、督导检查文件等资料。向农业农村部畜牧兽医局、中国动物疫病预防控制中心了解相关情况
	18. 规范动物检疫证明出证工作情况	4.5	全省范围内 90%的县实现省内动物检疫证明（B 证）电子出证，得 4 分，每少 1%扣 0.2 分，扣完为止。对省内动物检疫证明（B 证）电子出证工作开展培训得 0.5 分，未开展不得分	查看相关证明材料，如省级兽医部门印发文件、领导讲话、会议纪要、培训通知、督导检查文件等资料。向农业农村部畜牧兽医局、中国动物疫病预防控制中心了解相关情况
	19. 病死畜禽无害化处理有关情况	4	中央和省级财政无害化处理补助资金下达后，市县级政府在 3 个月内将资金发放到补助对象得 1 分，每有一个县发放不及时，扣 0.2 分，最多扣 1 分。病死畜禽处理收集及时到位，未发生大规模随意抛弃病死猪事件得 1 分，每发现 1 起扣 1 分，最多扣 1 分。督促从事病死猪收集、运输和无害化处理的单位和个人健全台账并向县级畜牧兽医主管部门报告，得 1 分，未落实不得分；落实无害化处理厂定期采样送检，摸清检测阳性样品来源，得 1 分，未落实不得分	查看相关文件资料、报表以及新闻媒体报道等。向农业农村部畜牧兽医局、中国动物疫病预防控制中心了解相关情况

（续）

一级指标	二级指标	分值	评分标准	备注
（五）动物卫生监督管理情况	20. 兽药监督工作落实情况	4	制定并组织实施辖区兽药质量监督抽查计划得 1.5 分，未制定并组织实施不得分；对监督抽检发现的假兽药和不合格兽药，未及时组织查处的，发现一起扣 0.5 分，最多扣 1.5 分。深入推进兽药二维码追溯实施工作，兽药经营企业追溯实施率达到 100%得 1.5 分，达到 90%得 1 分，低于 90%不得分。组织实施辖区兽用抗菌药减量化行动试点工作的得 0.5 分，未开展不得分；开展兽用抗菌药规范使用宣传活动的得 0.5 分，未开展不得分	查看相关证明材料，如计划发布文件、监测结果和违法案件查处文件和档案、经营环节兽药二维码追溯实施工作总结材料、减量化行动等工作文件和档案等相关材料。向农业农村部畜牧兽医局、中国兽医药品监察所了解相关情况
（六）兽医体系核心能力建设情况	21. 稳定基层机构队伍情况	4	2018 年以来推动以省政府办公厅文件及以上规格出台加强动物防疫体系建设或强化相应机构设置的指导意见得 2 分，未出台不得分；省级农业农村部门出台相关文件并督促生猪调出大县落实动物防疫特聘计划得 2 分，有 1 个县未落实扣 0.2 分，扣完为止	查看相关证明材料，向农业农村部畜牧兽医局、中国动物疫病预防控制中心、中国动物卫生与流行病学中心了解相关情况
	22. 推进无疫区和无疫小区建设情况	2	制订非洲猪瘟等无疫小区建设实施方案，推进无疫小区建设得 0.5 分，未制订不得分。组织开展无疫小区省级评估并对通过省级评估的及时申请国家评估得 0.5 分，未开展不得分。辖区内的无疫小区通过国家评估的得 0.5 分，未通过不得分。已通过农业农村部评估的无疫区或无疫小区维持无疫状态得 0.5 分，未维持的不得分	
	23. 兽医实验室能力建设情况	4	省级兽医实验室通过农业农村部考核或续展合格得 2 分，未通过或不合格不得分；参加全国省级兽医系统实验室检测能力比对且结果全部正确得 1 分，未参加不得分，结果错误每项扣 0.5 分，扣完为止；落实动物病原微生物实验室生物安全管理制度得 0.5 分，未落实不得分。东部省份 90%以上、中部省份 85%以上、西部省份 80%以上的县级兽医实验室通过省级考核得 0.5 分，未达到不得分	查看相关证明材料，向农业农村部畜牧兽医局、中国动物疫病预防控制中心、中国动物卫生与流行病学中心了解相关情况

（续）

一级指标	二级指标	分值	评分标准	备注
（六）兽医体系核心能力建设情况	24. 协调有关部门落实动物防疫工作经费并加大财政投入力度情况	3	向地方财政申请地方监测经费且经费到位或列入财政预算的得 1 分，未到位不得分。向地方财政申请地方扑杀补助和消毒等专项业务经费得 0.5 分，未申请不得分；经费到位并督促县级及时足额兑现补助的得 0.5 分，未到位不得分。协调省级财政部门，落实病死畜禽无害化处理厂、动物卫生监督检查站、动物检疫申报点等基础设施经费得 1 分，未落实不得分	查看相关证明材料，省级查看相关文件，市县级查看汇总表。第 25 条主要考核各级事业单位中的动物疫病防控技术人员和官方兽医落实畜牧兽医医疗卫生津贴情况，行政机关和参照公务员管理单位中的动物疫病防控技术人员和官方兽医视为已落实津贴
	25. 协调落实动物疫病防控技术人员和官方兽医有关津贴情况	2	省级落实畜牧兽医医疗卫生津贴的得 1 分，未落实不得分；东部省份超过 90%的市、中部省份超过 80%的市、西部省份超过 70%的市落实畜牧兽医医疗卫生津贴的得 0.5 分，未落实不得分；东部省份超过 80%的县、中部省份超过 70%的县、西部省份超过 60%的县落实畜牧兽医医疗卫生津贴的得 0.5 分，未落实不得分	
	26. 推动兽医体系效能评估开展情况	2	开展兽医体系效能评估相关工作得 1 分，未开展不得分；利用评估结果针对性加强基层动物防疫体系建设得 1 分，未开展相关工作不得分	查看相关证明材料，向农业农村部畜牧兽医局、中国动物卫生与流行病学中心了解相关情况
	27. 推动兽医社会化服务发展	1.5	制定发布推动兽医社会化服务组织发展的文件，或出台相关扶持政策，得 1 分，未开展不得分；总结形成典型经验或模式，加强宣传推广得 0.5 分，未开展不得分	查看相关证明材料，向农业农村部畜牧兽医局、中国动物卫生与流行病学中心了解相关情况
（七）绩效管理工作情况	28. 绩效管理日常工作完成情况	1.5	建立省级加强重大动物疫病防控延伸绩效管理领导小组，并根据人员变动和工作需要及时调整领导小组及办公室成员名单的得 0.5 分，未完成不得分；及时报送材料、反馈有关征求意见、参加会议培训等得 1 分，每未按时报送、反馈或参加 1 次扣 0.2 分，最多扣 1 分	建立和调整的领导小组及办公室成员名单需于 2020 年 10 月 30 日前通过网上申报系统填入本项目的“工作进展”中。如个别省份明文规定不得成立各类领导小组及办公室的，需明确专人负责此事，并在网上申报系统本项目“工作进展”中注明，同时附上相关证明文件
小计		90		

（续）

一级指标	二级指标	分值	评分标准	备注
附加分	1. 工作得到上级领导和社会肯定情况	1	（1）注重信息宣传工作，在人民日报、光明日报等全国性综合性党报党刊或新华社、中央电视台、中央人民广播电台等中央级主流新闻媒体上进行专题宣传报道的，或得到分管副部长或省政府分管负责同志肯定性批示，或得到农业农村部办公厅、省委办公厅、省政府办公厅表彰奖励，或争取政策有历史性突破的，或在以部委或省委省政府名义召开的会议上作典型经验交流发言的，第一次加 0.5 分，之后每次加 0.1 分，最多加 1 分。 （2）得到中央领导或部长以及省委省政府主要负责同志肯定性批示，或得到省部级以上表彰的，加 1 分	查看相关证明材料。本项加分值取能对应的最高档，不可累加。其中的表彰指集体获得的表彰，如个人获得省部级以上表彰可参照集体获得的表彰降一档加分。表彰必须由党组织或行政部门颁发，肯定性批示需相关领导有明确书面批示，如“该省的做法值得全国其他省份学习借鉴”“今年我省防控工作成效显著”等，只是圈阅或批示“同意”“同意实施”等不作为加分依据。本项涉及的新闻稿、表彰和领导批示时间需为本年度，以刊登、印发、发布和落款时间为准
	2. 主要畜产品生产情况	1	以国家统计局公布的各省份肉蛋奶产量为基数，肉蛋奶产量占比最高的省份加 1 分，其余省份根据占比情况，等比例计算加分	以国家统计局数据为准
	3. 生猪生产恢复情况	1	以国家统计局公布的 2017 年年末生猪存栏数为基数，2020 年末存栏数与 2017 年末存栏数比值最大的省份加 1 分，其余省份等比例计算加分	以国家统计局数据为准
	4. 推动实施非洲猪瘟分区防控情况	1	本省或本区域制订实施分区防控方案加 0.5 分，实质性推进本省分区防控试点工作加 0.5 分	查看相关证明材料。需提供相关文件复印件等证明材料
	5. 动物卫生监督检查站截获、报告并按规定处置动物疫情情况	1	2020 年全年，动物卫生监督检查站每截获、报告并按规定处置一起重大动物疫情，加 0.25 分，最多加 1 分	每一起疫情均需向农业农村部畜牧兽医局和中国动物疫病预防控制中心报告，并提供相关证明材料复印件

（续）

一级指标	二级指标	分值	评分标准	备注
附加分	6. 创新畜牧兽医政策法律制度情况	1	新出台地方性法规规章的加 0.5 分，推动省委、省政府或与机构编制等部门联合新出台强化基层防疫体系建设方案或其他支持政策的加 0.5 分	查看相关证明材料，需提供政策法规文本
	7. 承担改革试点任务情况	1	（1）承接农业农村部交办的畜牧兽医领域试点工作的加 0.5 分，取得预期效果的再加 0.5 分。 （2）承接农业农村部办公厅交办的畜牧兽医领域试点工作的加 0.3 分，取得预期效果的再加 0.3 分	以部署试点工作的公文盖章级别为准，（1）（2）两项得分可以累加，但总加分不得超过 1 分。工作成效向农业农村部畜牧兽医局了解相关情况
	8. 开展主要动物疫病净化情况	1	出台净化实施方案或年度工作计划，并开展主要动物疫病净化工作的加 1 分	查看相关证明材料。需提供相关文件复印件等证明材料
	9. 根据本地区工作实际开展特色工作情况	2	贯彻落实中央一号文件、政府工作报告和中央农村工作会议精神，按照农业农村部和省委省政府具体要求，根据本地区工作实际情况，在 2020 年度重点推动一项具有当地特色的重点工作开展的，视成效加 1～2 分	查看相关证明材料。需提交一份 2 500 字左右，能反映本项工作开展情况和工作成效的综合性总结材料（另在材料开头另附不超过 250 字的摘要），于 2021 年 2 月 28 日前正式报农业农村部畜牧兽医局，并将电子稿发送至 syjfyc@163.com 邮箱。由农业农村部组织相关专家进行统一评审并赋分
小计		10		
合计		100		

注：1. 由于客观原因个别小项没有相应数据的省份对应内容可得该项分值 95%的分数。

2. 评分标准字体加粗部分内容，由农业农村部加强重大动物疫病防控延伸绩效管理领导小组直接向相关单位了解情况后换算成相应分值，各省份无需进行自评赋分。

3. 除特别注明外，指标中要求出台的法律法规、文件等材料出台时间均指 2020 年当年。

4. 农业农村部加强重大动物疫病防控延伸绩效管理领导小组办公室经农业农村部加强重大动物疫病防控延伸绩效管理领导小组授权，负责对本指标体系进行解释。

图书在版编目（CIP）数据

动物疫病防控绩效管理创新与实践 / 路平，林湛椰，蔡丽娟主编．—北京：中国农业出版社，2020.12

ISBN 978-7-109-27954-4

Ⅰ.①动…　Ⅱ.①路…　②林…　③蔡…　Ⅲ.①兽疫－防疫－管理　Ⅳ.①S851.3

中国版本图书馆 CIP 数据核字（2021）第 031798 号

中国农业出版社出版

地址：北京市朝阳区麦子店街 18 号楼

邮编：100125

责任编辑：肖　邦

版式设计：杜　然　　责任校对：赵　硕

印刷：中农印务有限公司

版次：2020 年 12 月第 1 版

印次：2020 年 12 月北京第 1 次印刷

发行：新华书店北京发行所

开本：787mm×1092mm　1/16

印张：14.75

字数：314 千字

定价：80.00 元
